SOMMAIRE

PARTIE I :

ESSENTIEL DU COURS

Chapitre 1

INTRODUCTION A LA RÉSISTANCE DES MATÉRIAUX

I. But de la résistance des matériaux

La résistance des matériaux est l'étude de la résistance et de la déformation des solides. Elle permet de définir les formes, les dimensions et les matériaux des pièces mécaniques de façon à maîtriser leurs résistances, leurs déformations tout en optimisant leurs coûts.

Exemples:

Un pont est vérifié en résistance des matériaux pour:

- Assurer sa résistance sous son propre poids et celui des véhicules ;

- Assurer sa résistance en cas de forte tempête.

Une bouteille est vérifiée en résistance des matériaux pour:

- Assurer sa résistance lorsqu'elle est pleine ;

- Assurer une résistance minimale en cas de chute ;

- Minimiser l'épaisseur de la bouteille pour faire des économies sur la matière première.

II. Principe du calcul de RDM

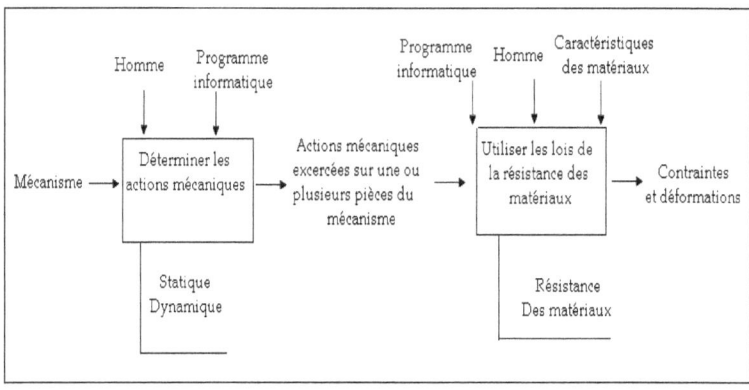

Figure 1.1

Pour réaliser un calcul de résistance des matériaux, nous avons besoin de connaître les actions mécaniques exercées sur le mécanisme (ces actions sont déterminées par une étude statique ou dynamique) et les matériaux utilisés. L'étude de résistance des matériaux permettra de définir les sollicitations et les contraintes qui en résultent. (Figure 1.1)

III. Hypothèses générales de la RDM

Pour faire une étude de résistance des matériaux, nous avons besoin de faire des hypothèses simplificatrices. Une fois que ces hypothèses sont définies, nous pouvons nous lancer dans l'étude.

3-1 Hypothèses sur le matériau

Le matériau est supposé continu (ni fissures ni cavités), homogène (tous les éléments du matériau ont une structure identique) et isotrope (en tout point et dans toutes les directions, le matériau possède les mêmes caractéristiques mécaniques).

3-2 Hypothèses sur la géométrie des solides

La RDM étudie uniquement des solides en forme de poutres (solide idéal) présentant :

- des dimensions longitudinales importantes par rapport aux dimensions transversales.

8

- des sections droites constantes ou variables lentement en dimension ou en forme.

Une poutre est engendrée par la translation d'une section droite et plane S dont le barycentre G décrit une ligne Lm (appelée ligne moyenne) droite ou à grand rayon de courbure. La section droite S reste toujours perpendiculaire à la ligne moyenne Lm. (Figure 1.2)

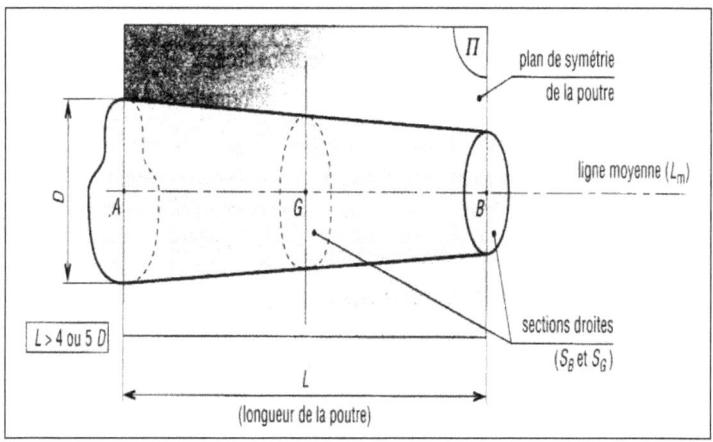

Figure 1.2

3-3 Hypothèses sur les déformations

(Hypothèse de Navier-Bernoulli)

Les sections planes et droites (normales à la ligne moyenne) avant déformation restent planes et droites après déformation.

IV. Efforts intérieurs (Torseur de cohésion)

Soit une poutre E [AB], en équilibre sous l'effet des actions mécaniques extérieures. Pour mettre en évidence les efforts transmis par la matière au niveau d'une section

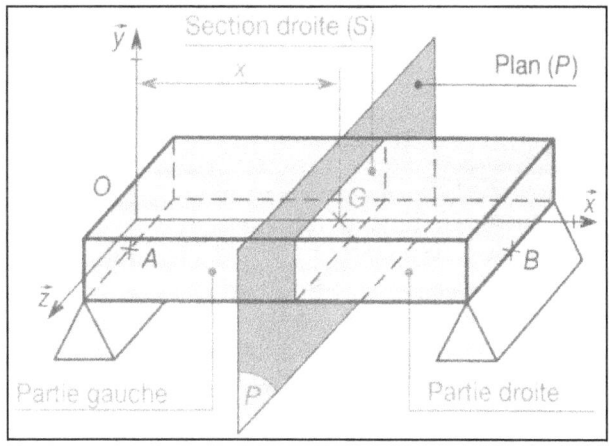

Figure 1.3

10

S, nous effectuons une coupure imaginaire par le plan P contenant S. Il la sépare en deux tronçons El (Partie gauche) et E2 (Partie droite). (Figure 1.3)

En isolant le tronçon El : (Figure 1.4)

- Les actions mécaniques exercées par le tronçon E2 sur le tronçon El à travers la section droite S sont des actions mécaniques intérieures à la poutre E. Nous en ignorons à priori la nature, cependant la liaison entre El et E2 peut être modélisée par une liaison complète. On peut donc modéliser l'action mécanique de E2 sur El par un torseur appelé « torseur de cohésion », noté $\{\tau_{coh}\}$ et dont les éléments de réduction en G seront R(x) et M_G(x).

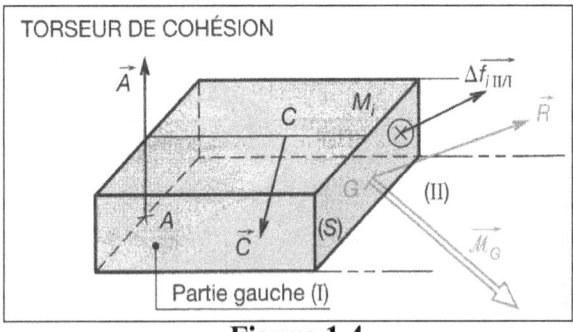

Figure 1.4

11

$$\left\{\tau_{E\,2/E_1}\right\}_G = \left\{\tau_{coh}\right\}_G = \left\{\begin{array}{c} \vec{R}\left(X\right) \\ \vec{M}_G\left(X\right) \end{array}\right\}$$

L'équilibre du tronçon 1 se traduit par :

$$\left\{\tau_{\bar{E}/E_1}\right\}_G + \left\{\tau_{coh}\right\}_G = \left\{\vec{0}\right\} \Rightarrow \left\{\tau_{coh}\right\}_G = -\left\{\tau_{\bar{E}/E_1}\right\}_G$$

$$\left\{\tau_{coh}\right\}_G = -\left\{\tau_{actions\ mécaniques\ à\ gauches\ de\ S}\right\}_G$$

Cette relation permet de calculer les éléments de réduction du torseur de cohésion à partir des actions mécaniques extérieures à gauche (déterminés par une étude statique).

<u>Remarque</u> : L'équilibre de la poutre E se traduit par :

$$\left\{\boldsymbol{\tau}_{actions\ mécaniques\ à\ gauches\ de\ S}\right\}_{\mathbf{G}} + \left\{\boldsymbol{\tau}_{actions\ mécaniques\ à\ droite\ de\ S}\right\}_{\mathbf{G}} = \left\{\vec{\mathbf{0}}\right\}$$

$$\Rightarrow -\left\{\tau_{coh}\right\}_G + \left\{\tau_{actions\ mécaniques\ à\ droite\ de\ S}\right\}_G = \left\{\vec{0}\right\}$$

Alors $\left\{\boldsymbol{\tau}_{coh}\right\}_{\mathbf{G}} = \left\{\boldsymbol{\tau}_{actions\ mécaniques\ à\ droite\ de\ S}\right\}_G$

Cette relation permet de simplifier le calcul du torseur de cohésion au cas où le torseur des actions mécaniques à droite est plus simple à déterminer.

Conclusion :

Chaque tronçon est en équilibre et l'application du PFS, à l'un ou à l'autre, permet de faire apparaître et de calculer le torseur de cohésion au niveau de la coupure.

Remarque :

Le torseur de cohésion est modifié lorsque l'on déplace la coupure le long de la poutre. On effectue une coupure :

- Si une discontinuité d'ordre géométrique apparaît (changement de direction de la ligne moyenne). (Exemple: poutre en équerre).

- Si une discontinuité liée à une résultante nouvelle apparaît (ou un nouveau moment).

V. Composantes du torseur de cohésion

Le torseur de cohésion exprimé dans le repère R $(G, \vec{x}, \vec{y}, \vec{z})$ s'écrit :

$$\{\tau_{coh}\} = \left\{ \begin{array}{c} \vec{R}(X) \\ \vec{M}_G(X) \end{array} \right\} = \left\{ \begin{array}{cc} N & M_t \\ T_y & M_{fy} \\ T_z & M_{fz} \end{array} \right\}_G$$

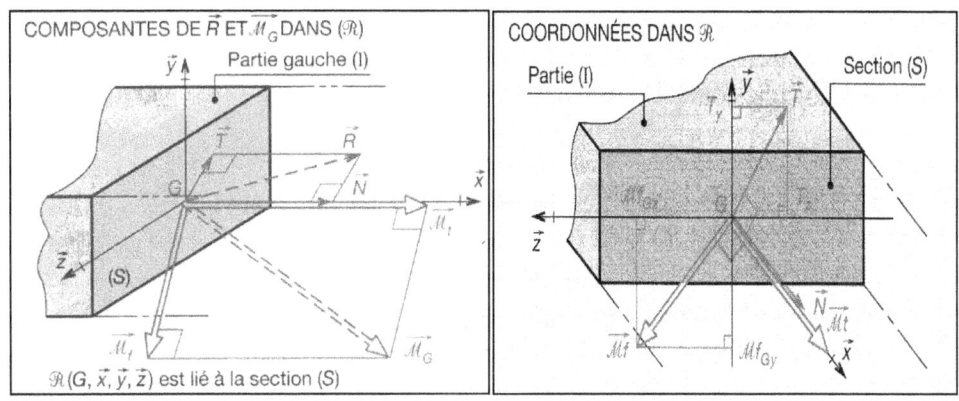

Figure 1.5

N : Effort normal sur $(G,\vec{x})$	Mt : Moment (couple) de torsion sur $(G,\vec{x})$
Ty : Effort tranchant sur $(G,\vec{y})$	Mfy : Moment de flexion sur $(G,\vec{y})$
Tz : Effort tranchant sur $(G,\vec{z})$	Mfz : Moment de flexion sur $(G,\vec{z})$

VI. Vecteur contrainte en un point

6-1 Vecteur contrainte

Les actions mécaniques de cohésion sont les efforts que le tronçon E2 exerce sur le tronçon El à travers la section droite (S) de la coupure fictive. Ces actions mécaniques sont réparties en tout point M de S suivant une loi a priori inconnu. Notons $d\vec{F}$ l'action mécanique au point M et dS l'élément de surface entourant le point. Soit $\vec{n}$ la normale issue de M au plan de la section S, orientée vers l'extérieur de la matière du tronçon El. (Figure 1.6).

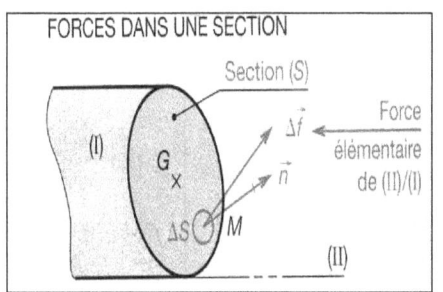
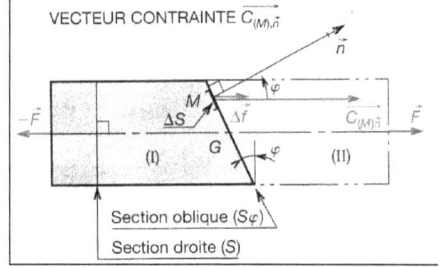

Figure 1.6

On appelle vecteur contrainte au point M relativement à l'élément de surface dS orienté par sa normale extérieure $\vec{n}$, le vecteur noté $\vec{C}(M,\vec{n})$ tel que :

$$\vec{C}(M,\vec{n}) = \underset{\Delta S \to 0}{Lim} \frac{\Delta \vec{F}}{\Delta S} = \frac{d\vec{F}}{dS}$$ (Figure 1.6).

L'unité de la contrainte est le rapport d'une force par une unité de surface (N/mm2) ou (MPa).

Les éléments de réduction s'écrivent donc, en fonction du vecteur contrainte :

$$\vec{R}(X) = \iint_S d\vec{F} = \iint_S \vec{C}(M,\vec{n})dS$$ et

$$\vec{M}_G(X) = \iint_S \vec{GM} \wedge \vec{C}(M,\vec{n})dS$$

6-2 Contrainte normale et contrainte tangentielle

On définit les contraintes normales et tangentielles, respectivement la projection de $\vec{C}(M,\vec{n})$ sur la normale $\vec{n}$

, et la projection de $\vec{C}(M,\vec{n})$ sur le plan de l'élément de surface dS. (Figure 1.4) : $\vec{C}(M,\vec{n}) = \sigma\,\vec{n} + \tau\,\vec{t}$

σ : Contrainte normale.

τ : Contrainte tangentielle.

$\vec{n}$: Vecteur normal à l'élément de surface.

$\vec{t}$: Vecteur tangent a l'élément de surface.

VII. Sollicitations simples et composées

Une sollicitation est dite simple si le torseur de cohésion comprend une seule composante non nulle (Torsion par exemple) et une sollicitation est dite composée si le torseur de cohésion comprend plusieurs composantes non nulles (plusieurs sollicitations simples : Traction + flexion par exemple).

Le tableau 1.1 regroupe les sollicitations simples les plus courantes.

Sollicitation	Torseur de cohésion	Sollicitation	Torseur de cohésion
Traction/Compression	$\begin{Bmatrix} N & 0 \\ 0 & 0 \\ 0 & 0 \end{Bmatrix}_G$	Torsion	$\begin{Bmatrix} 0 & M_t \\ 0 & 0 \\ 0 & 0 \end{Bmatrix}_G$
Cisaillement (selon $(G,\ \vec{y})$)	$\begin{Bmatrix} 0 & 0 \\ T_y & 0 \\ 0 & 0 \end{Bmatrix}_G$	Flexion pure (selon $(G, \vec{y})$)	$\begin{Bmatrix} 0 & 0 \\ 0 & M_{fy} \\ 0 & 0 \end{Bmatrix}_G$

Tableau 1.1

18

Chapitre 2

LA TRACTION SIMPLE

I. Définition

Une poutre est sollicitée à l'extension simple si elle est soumise à deux forces directement opposées qui tendent à l'allonger ou si le torseur de cohésion peut se réduire en G, barycentre de la section droite S, à une résultante portée par la normale à cette section. (Figure 2.1)

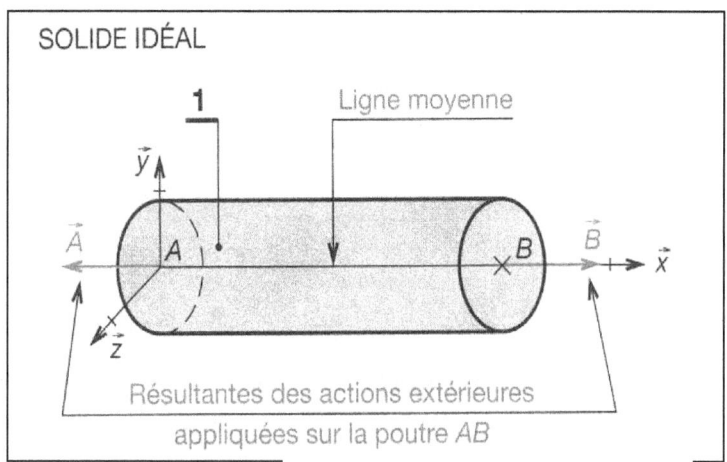

Figure 2.1

$$\{\tau_{coh}\}_G = \left\{\begin{matrix} \vec{N} \\ 0 \end{matrix}\right\}_G = \left\{\begin{matrix} N & 0 \\ 0 & 0 \\ 0 & 0 \end{matrix}\right\}_G$$

Avec N>0

II. Essai de traction

2-1 Principe

L'essai de traction est l'essai mécanique le plus classique. Il consiste à exercer sur une éprouvette normalisée deux efforts directement opposés croissants qui vont la déformer progressivement jusqu'à la rompre en vue de déterminer quelques caractéristiques mécaniques du matériau de l'éprouvette. (Figure2.2)

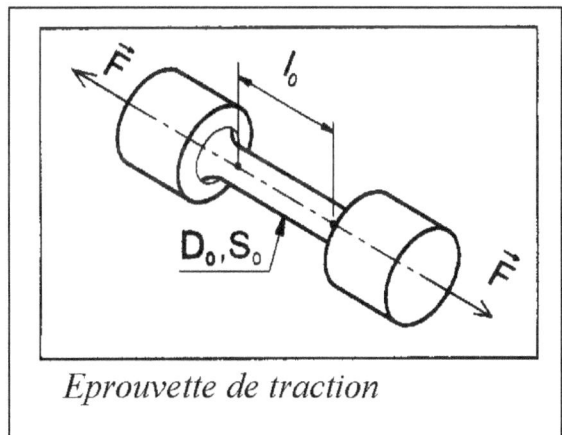

Eprouvette de traction

Figure 2.2

20

2-2 Diagramme effort-déformation (courbe de traction)

La déformation passe par deux phases (figure2.3) :

-Phase OA : phase élastique où la déformation est réversible et l'allongement est proportionnel à la charge. On dit que l'éprouvette est dans le domaine élastique.

Phase ABC : phase plastique ou la déformation est permanente. L'allongement n'est plus proportionnel à la charge. On dit que l'éprouvette est dans le domaine plastique.

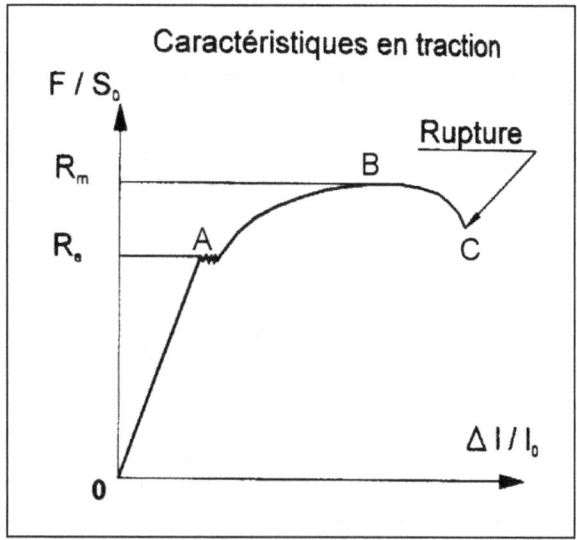

Figure 2.3

21

III.   Etude des déformations

Allongement : $\Delta l = l - l_0$

Allongement relatif : $e = \dfrac{\Delta l}{l_0}$; $e\% = \dfrac{\Delta l}{l_0} \times 100$

Déformation   selon $\vec{x}$:

$$\varepsilon_x = \int_{l_0}^{l} \frac{dl}{l} = \left[Lnl \right]_{l_o}^{l} = Lnl - Lnl_0 = Ln\frac{l}{l_0} = Ln(1 + e)$$

Dans le domaine élastique $\varepsilon_x = e = \dfrac{\Delta l}{l_0}$;

$(Ln(1 + \varepsilon) \approx \varepsilon$ si ε tend vers 0)

l0 : longueur initiale de l'éprouvette. [mm]

1 : longueur de l'éprouvette après allongement. [mm]

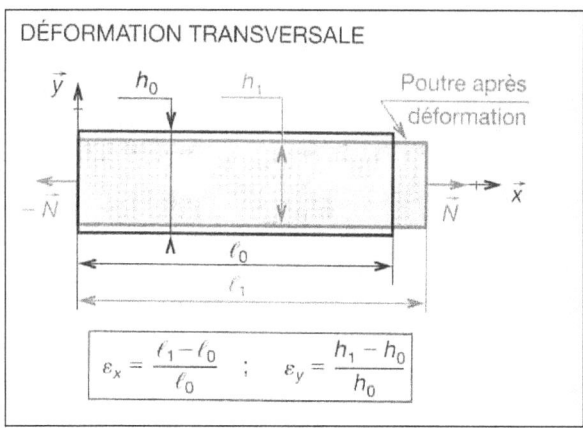

Figure 2.4

22

La déformation longitudinale ε_x s'accompagne d'une déformation de contraction transversale ε_y tel que :

$\varepsilon_y = -v\varepsilon_x$ et $\varepsilon_z = -v\varepsilon_x$ (Figure 2.4)

v : Coefficient de poisson et $v \approx 0.3$ pour les aciers.

IV. Etudes des contraintes

Le vecteur $\vec{C}$ se réduit à une contrainte normale à la section (figure 2.5) et repartie uniformément sur toute la section : $\vec{C} = \sigma \vec{x}$

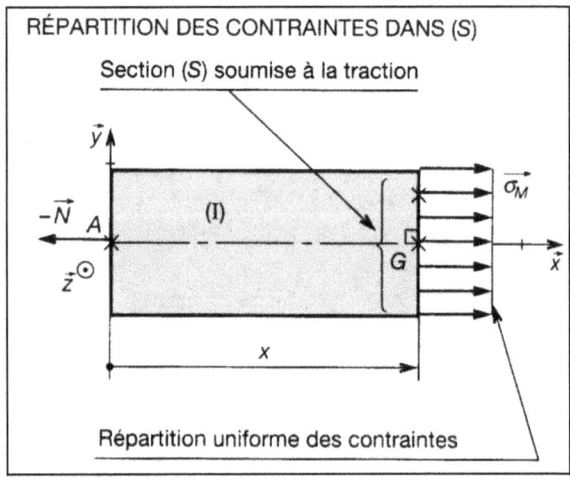

Figure 2.5

23

Sachant que :
$$\vec{C} = \frac{\vec{F}}{S} = \frac{\vec{N}}{S} = \frac{N}{S}\vec{x} \Rightarrow \sigma = \frac{N}{S}$$

$$N = \int dN = \iint_S \sigma \, dS = \sigma \iint_S dS = \sigma \, S \Rightarrow \sigma = \frac{N}{S}$$

N en [N] ; S en [mm2] et σ en [MPa]

Pour une poutre, de section S, sollicitée à la traction simple, la valeur de la contrainte normale est égale au rapport de l'effort normal N par la section S.

Relation contrainte-déformation

Dans le domaine élastique (Zone OA de la courbe de traction (figure2.3)), il y'a proportionnalité entre la charge et la déformation. La loi de Hooke traduit cette linéarité par la relation : $\boxed{\sigma = E\varepsilon}$

E est le module d'élasticité longitudinale ou module d'Young exprimé en [MPa], (voir tableau 2.2).

$$\sigma = E\varepsilon \Rightarrow \frac{N}{S} = E\frac{\Delta l}{l} \Rightarrow N = \frac{ES}{l}\Delta l = K\,\Delta l$$

avec $K = \dfrac{ES}{l}$

K définit la rigidité en traction de la poutre exprimée en [N/mm].

V. Caractéristiques mécaniques d'un matériau

- Limite élastique Re ou contrainte à la limite élastique (voir figure2.3) : elle est définit par :

$$R_e = \frac{F_e}{S_0}$$

Fe : Charge à la limite élastique. [N]

S0 : Section initiale de l'éprouvette. [mm2]

- Résistance à la rupture ou contrainte à la rupture, définit par :

$$R_r = \frac{F_r}{S_0}.$$

Fr : Charge à la rupture. [N]

S0 : Section initiale de l'éprouvette. [mm2]

- Module d'Young E, tel que. $\sigma = E\varepsilon$

- Allongement après rupture en pourcent (%) :

$$A\% = \frac{l_u - l_0}{l_0} \times 100$$

- Coefficient striction :

$$S\% = \frac{S_0 - S_u}{S_0} \times 100$$

lu : longueur de la poutre après la rupture. [mm]

l0 : longueur initiale de l'éprouvette. [mm]

S0 : Section initiale de l'éprouvette. [mm2]

Su : Section de l'éprouvette après la rupture. [mm2]

VI. Condition de résistance en traction

Pour des raisons de sécurité la contrainte σ doit rester inférieure à une valeur limite appelé contrainte pratique à l'extension Rpe. En adoptant un coefficient s appelé coefficient de sécurité dépendant de l'application visée (Tableau2.1).

Coefficient de sécurité (s)	Conditions générales de calculs (sauf réglementation particulière)
1,5 à 2	Cas exceptionnels de grande légèreté. Hypothèses de charges surévaluées.
2 à 3	Construction où l'on recherche la légèreté (aviation). Hypothèses de calcul la plus défavorable (charpente avec vent ou neige, engrenages avec une seule dent en prise...).
3 à 4	Bonne construction, calculs soignés, haubans fixes.
4 à 5	Construction courante (légers efforts dynamiques non pris en compte. Treuils.)
5 à 8	Calculs sommaires, efforts difficiles à évaluer (cas de chocs, mouvements alternatifs, appareils de levage, manutention).
8 à 10	Matériaux non homogènes. Chocs, élingues de levage.
10 à 15	Chocs très importants, très mal connus (presses). Ascenseurs.

Tableau2.1

26

La contrainte pratique à l'extension $R_{pe} = \dfrac{R_e}{s}$.

Re : contrainte à la limite élastique. (Tableau2.2).

D'où la condition de résistance d'une pièce en traction : $\sigma \le R_{pe}$

VALEURS DES CARACTÉRISTIQUES MÉCANIQUES DES MÉTAUX ET PLASTIQUES*					
Dénomination et symbole	$R_{e\,min}$ (MPa)	E (MPa)	Dénomination et symbole	R_{min} (MPa)	E (MPa)
Fonte à graphite lamellaire FGL 200	200	80 000	Acrylonitrile - butadiène - stryrène (ABS)	17	700
Fonte à graphite sphéroïdal FGS 600. 3	370	170 000	Polyamide type 6-6 (PA 6/6)	49	1 830
Acier non allié (E 24) S 235	215	210 000	Polycarbonate (PC)	56	2 450
Acier allié (25 CD 4) 25Cr Mo 4	700	210 000	Polytétrafluoroéthylène (PTFE)	11	400
Bronze : Cu Sn 8P	390	100 000	Polystyrène (PS)	35	2 800
Cupro-aluminium Cu Al 10 Ni S Fe 4	250	122 500	Polychlorure de vinyle (rigide) PVC U	35	2 450
Duralumin AW-2017 (Al Cu 4 Mg Si)	240	72 500	Phénoplaste (bakélite) PF 21	25	7 000
Alpax A S13	80	74 500	Époxyde (araldite)	28	2 450

Tableau2.2

VII. Condition de rigidité

Pour des raisons fonctionnelles, il est parfois important de limiter l'allongement. Il doit rester inférieur à une valeur limite $\Delta L\,\text{lim}$ ($\Delta L \le \Delta L_{\text{lim}}$)

D'où la condition de rigidité d'une pièce en traction :

$$\frac{NL}{ES} \le \Delta L_{\text{lim}}$$

VIII. Concentration de contraintes

Si le solide présente des variations brusques de section, dans les zones proches de ces variations, la répartition des contraintes ne sera plus uniforme. On parle d'une concentration de contrainte (figure2.6). La contrainte maximale est : $|\sigma|_{max} = K_t |\sigma|_{nom}$

σ_{nom} : Contrainte normale nominale [Mpa] ;

$\sigma_{nom} = \dfrac{N}{S}$.

Kt est appelé coefficient de concentration de contrainte de traction.(sans unité)

Kt est fonction de la forme de la pièce (circulaire ou plane) et de la nature du changement de section (épaulement, gorge, alésage, etc.). Kt est donné par les abaques de la figure 2.7.

Remarque :

Pour un filetage ISO triangulaire Kt=2.5 au fond des filets.

28

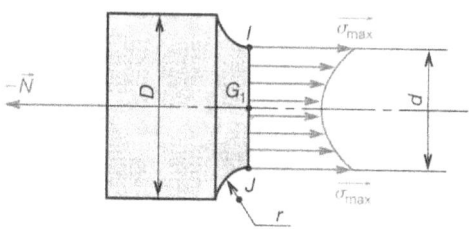

Méthode de calcul d'un solide réel

1° Calculer $|\sigma|_{nom}$.

2° Analyser la nature de la géométrie, (épaulement, gorge...), section circulaire ou prismatique et choisir la courbe § 48.8.

3° Calculer : $\dfrac{r}{d}$, $\dfrac{D}{d}$, ou $\dfrac{h}{D}$.

4° Déterminer la valeur de K_t correspondante.

5° Calculer $|\sigma|_{max} = K_t \cdot |\sigma|_{nom}$.

6° Écrire la condition de résistance :

$|\sigma|_{max} \leqslant R_{pe}$.

Figure 2.6

29

Plaque plane avec deux saignées sur les bords

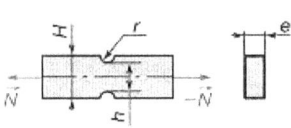

$$|\sigma|_{max} = K_t |\sigma_{nom}|$$

$$|\sigma_{nom}| = \frac{|N|}{S} \qquad S = h \cdot e$$

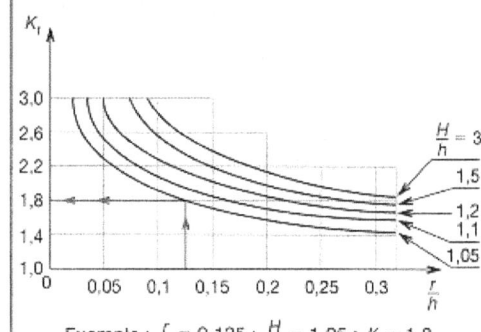

Exemple : $\frac{r}{h} = 0,125$; $\frac{H}{h} = 1,05$; $K_t = 1,8$

Plaque plane percée d'un trou sur l'axe de symétrie longitudinal

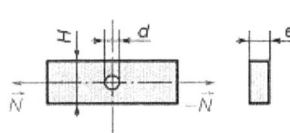

$$|\sigma|_{max} = K_t |\sigma_{nom}|$$

$$|\sigma|_{nom} = \frac{|N|}{S} \qquad S = (H - d) e$$

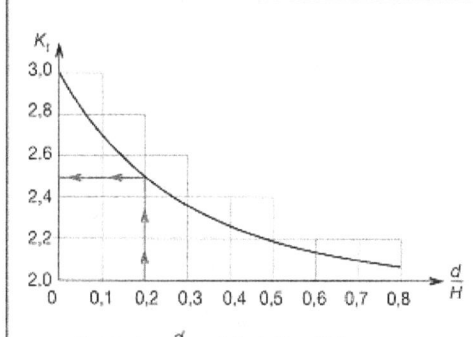

Exemple : $\frac{d}{H} = 0,2$; $K_t = 2,5$

Plaque plane percée d'un trou à une extrémité

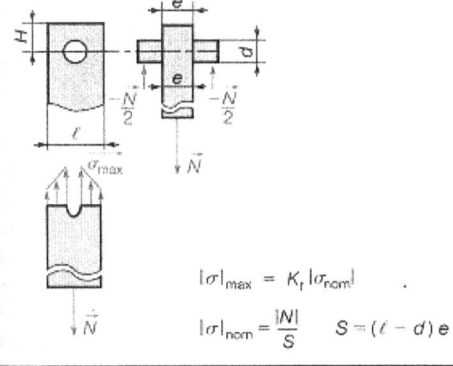

$$|\sigma|_{max} = K_t |\sigma_{nom}|$$

$$|\sigma|_{nom} = \frac{|N|}{S} \qquad S = (\ell - d) e$$

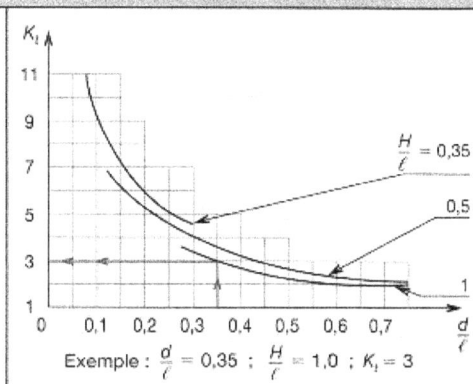

Exemple : $\frac{d}{\ell} = 0,35$; $\frac{H}{\ell} = 1,0$; $K_t = 3$

30

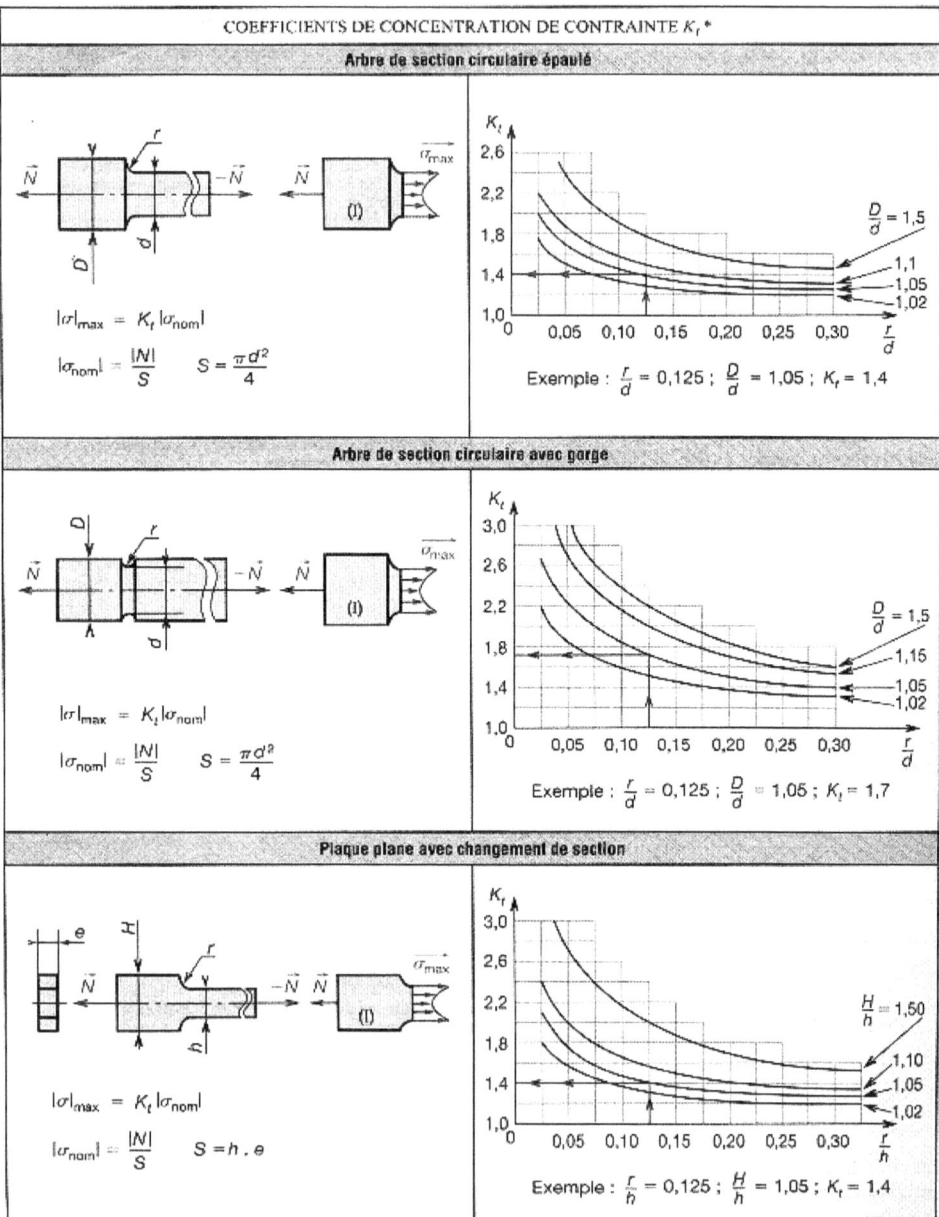

Figure 2.7

Chapitre 3

LA COMPRESSION SIMPLE

I. Définition

Une poutre est sollicitée à la compression simple si elle est soumise à deux forces directement opposées qui tendent à la raccourcir ou si le torseur de cohésion peut se réduire en G, barycentre de la section droite S, à une résultante négative portée par la normale à cette section. (Figure 3.1)

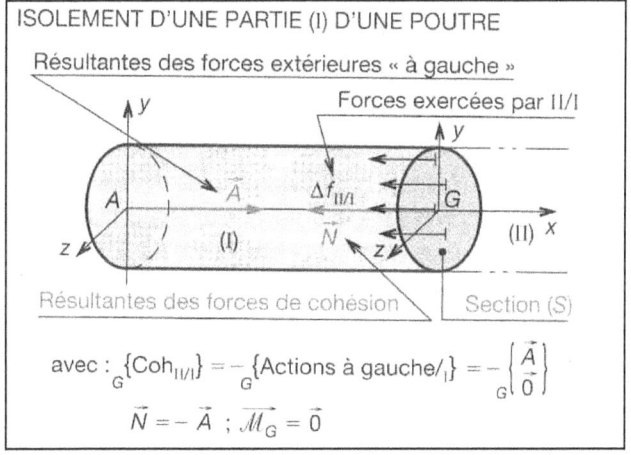

Figure 3.1

$$\{\tau_{coh}\}_G = \left\{ \begin{matrix} \vec{N} \\ 0 \end{matrix} \right\}_G = \left\{ \begin{matrix} N & 0 \\ 0 & 0 \\ 0 & 0 \end{matrix} \right\}_G$$

$$N < 0$$

Hypothèse

Le solide est idéal: matériau homogène, isotrope, poutre rectiligne et de section constante, de forme voisine du carré (b <1 ,5 a). Les sections circulaires conviennent parfaitement. La longueur L doit être comprise entre 3 et 8 fois la dimension transversale la plus faible pour éviter le risque de flambage. Les actions extérieures dans les sections extrêmes sont modélisables par deux résultantes A et B appliquées aux barycentres de ces sections, dirigées selon la ligne moyenne, vers l'intérieur de la poutre (figure3.2).

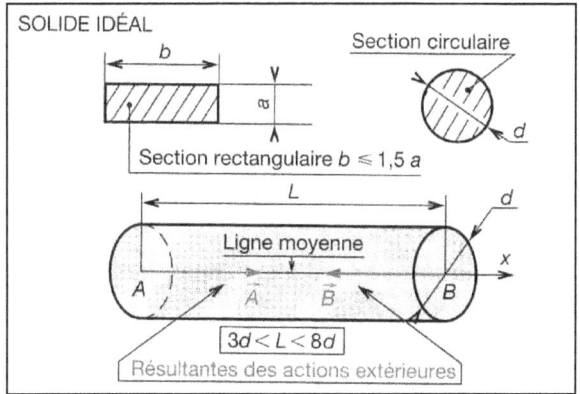

Figure 3.2

II. Contraintes dans une section droite

Elles sont normales à (S) et uniformément réparties dans cette dernière (figure 3.3).

La contrainte σ_M (MPa) a pour valeur : $\sigma_M = \dfrac{N}{S}$

avec $N < 0; \sigma_M < 0$

N : effort normal. [N]

S : section droite soumise à la compression.[mm2]

34

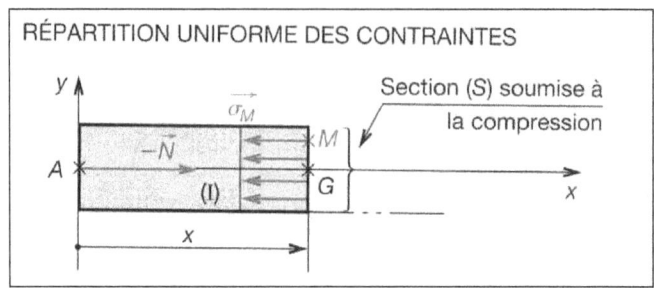

Figure 3.3

III. Déformation d'une poutre

Dans le domaine élastique, les contraintes et les déformations sont proportionnelles, Le raccourcissement Δl (mm) est:

$$\Delta l = \frac{l_0 N}{SE}$$

N : effort normal {N< 0}. [N]

l0 : longueur initiale de la poutre. [mm]

S : section droite soumise à la compression. [mm2]

E : module d'élasticité longitudinale (module d'Young). [MPa]

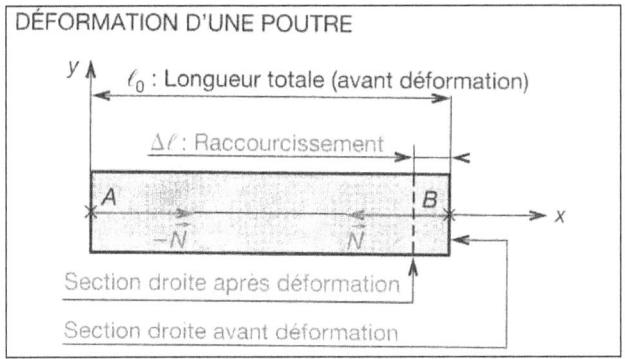

Figure 3.4

IV. Condition de résistance

Pour des raisons de sécurité, la contrainte normale doit rester inférieure à la résistance pratique à la compression Rpc. On définit Rpc par le rapport suivant :

$$R_{pc} = \frac{R_{ec}}{s}$$

Rec : résistance élastique à la compression. [MPa] (tableau3.1)

s : coefficient de sécurité (sans unité).

La condition de résistance est : $|\sigma| \le R_{pc} \Rightarrow \frac{N}{S} \le R_{pc}$

Les aciers doux et mi-durs ont la même résistance élastique Re en traction et en compression.

Le béton et la fonte ont des résistances élastiques très différentes en traction et en compression, ainsi que tous les matériaux non homogènes et non isotropes .(Figure 3.5).

Si le poids d'une poutre verticale n'est pas négligeable (câbles d'ascenseurs de grands immeubles, piles de ponts, cheminéesd'usine.. .). La condition de résistance est :

$$\frac{|N|}{S} + \frac{|P|}{S} \leq Rpc$$

P : poids total de la poutre.[N]

RÉSISTANCE ÉLASTIQUE DU BÉTON				
Les valeurs ci-dessous sont fonction des dosages en kg de ciment par m^3 de béton en place après 28 jours d'âge.				
Dosage (kg/m^3)	Bétons non contrôlés		Bétons contrôlés	
	Compression (en MPa)	Traction (en MPa)	Compression (en MPa)	Traction (en MPa)
250	15	1,5	18	1,8
400	25	2	30	2,4
RÉSISTANCES ÉLASTIQUES DE LA FONTE				
Nuance	À la compression (MPa)		À la traction (MPa)	
FLG 150	150		20	
Ft 15	150		20	
Poutres verticales	Poids négligé		Poids propre P non négligé	
Contrainte	$\|\sigma\| = \dfrac{\|N\|}{S}$		$\|\sigma\| = \dfrac{\|N\|}{S} + \dfrac{\|P\|}{S}$	
Déformation (si S est constant)	$\|\Delta \ell\| = \dfrac{\|N\| \cdot \ell_0}{E.\,S}$		$\|\Delta \ell\| = \dfrac{\|N\| \cdot \ell_0}{E.\,S} + \dfrac{1}{2} \cdot \dfrac{\|P\| . \ell_0}{E.\,S}$	

Tableau3.1

37

V. Solides réels

Ce sont des solides qui s'écartent des conditions idéales.

5.1-SECTIONS BRUSQUEMENT VARIABLES

La section est de forme proche du carré ou du cercle, comme en traction (Figure 3.6).

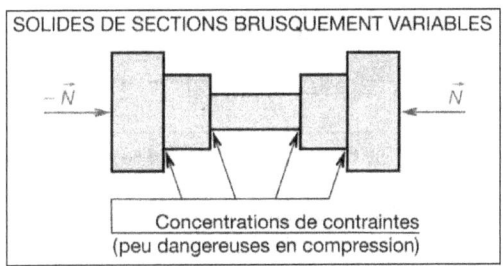

Figure 3.6

Dans les zones de changement de section, la répartition des contraintes n'est plus uniforme. Cette concentration de contrainte est peu dangereuse en compression; elle est, en général, négligée.

5.2-SECTIONS TRÈS PLATES

Dans le cas d'une poutre plate (par exemple b = 10 a), si 3b < L < 8b, on a : 30a < L < 80a.

38

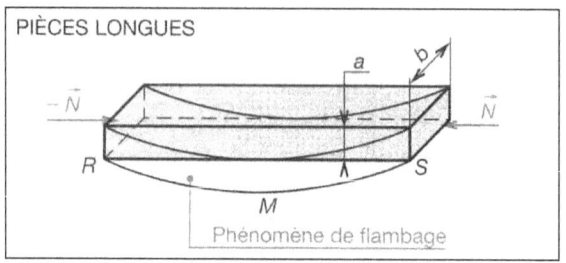

Figure 3.7

Sous l'action de N, la poutre fléchit selon la trajectoire RMS, la sollicitation de flambage remplace la compression simple (Figure3.7).

5.3-SOLIDES TRÈS MINCES

Si h devient très petite, on n'obtient plus de déformation significative. Tout se passe comme si on maintenait la pièce latéralement par des parois solides. La sollicitation de compression est remplacée par du matage (Figure3.8).

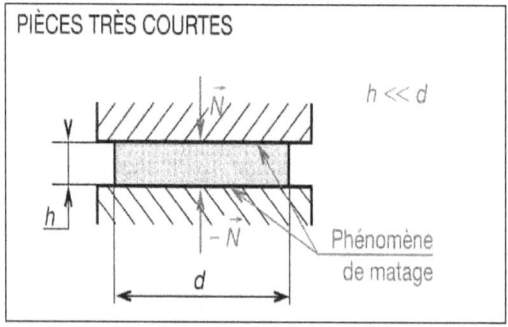

Figure 3.8

39

Chapitre 4

LE CISAILLEMENT SIMPLE

I. Définition

Une poutre est sollicitée au cisaillement simple lorsqu'elle est soumise à deux forces directement opposées et perpendiculaire à la ligne moyenne, qui tendent à la cisailler; ou lorsque le torseur de cohésion peut se réduire en G, barycentre de la section droite S, à une résultante contenue dans le plan de cette section. (Figure 4.1)

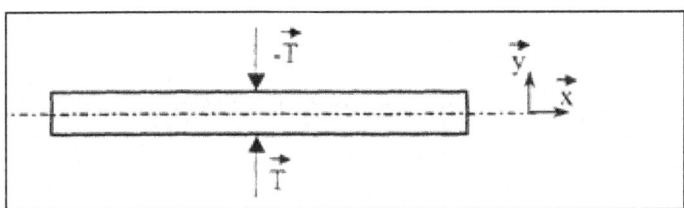

Figure 4.1

$$\{\tau_{coh}\}_G = \left\{ \begin{matrix} \vec{T} \\ 0 \end{matrix} \right\}_G = \left\{ \begin{matrix} 0\,0 \\ T_y\,0 \\ 0\,0 \end{matrix} \right\}_G$$

40

II. Essai de cisaillement

2-1 Principe

L'essai de cisaillement consiste à soumettre une éprouvette de section rectangulaire à deux charges ($\vec{F}$ et $-\vec{F}$) distantes de Δx. L'éprouvette se déforme comme l'indique la figure4.2. Les encastrements en (A₁, B₁) et (A₂, B₂) empêchent la rotation des sections droites.

On augmente F et on relève la valeur du déplacement Δy (glissement transversale) correspondant.

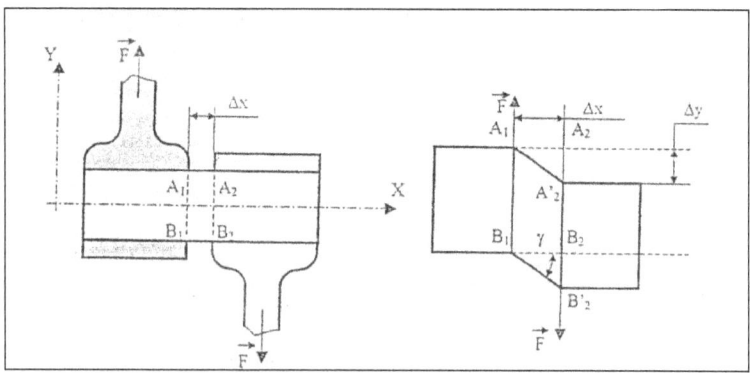

Figure 4.2

2-2 Diagramme effort-déformation

La déformation s'effectue en deux phases (Figure 4.3)

41

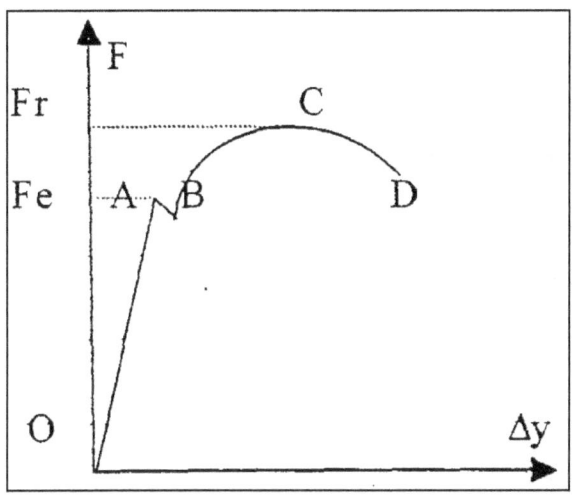

Figure 4.3

- Zone OA : zone de déformation élastique : le glissement Δy est proportionnel à la charge.

- Zone ABCD zone de déformation permanente (plastique).

III. Etude des déformations

La section S cisaillée se déplace dans son plan. Ce déplacement est un glissement. Il est défini par un angle de glissement γ. Cet angle est fonction de Δy et Δx tel que :

$$\boxed{tg\,\gamma = \Delta y / \Delta x}$$

Δy : Glissement transversale entre S et S_0 .[mm]

Δx : Distance entre S et S_0 .[mm]

42

Dans le domaine élastique, γ reste faible, on peut confondre γ et tg γ d'où : $\boxed{\gamma = \Delta y / \Delta x}$

IV.   Etude des contraintes

L'effort tranchant $\vec{T}$ s'écrit $\vec{T} = T_y \, \vec{y} = \vec{F}$ et le vecteur contrainte $\vec{C}(M, \vec{x}) = \tau_{xy} \, \vec{y}$ D'autre part

$$\vec{T} = \iint_S \vec{C}(M, \vec{x}) dS = \iint_S \tau_{xy} dS \, \vec{y}$$

Il en résulte $T_y = \iint_S \tau_{xy} \, dS$

Par l'hypothèse d'une répartition uniforme de contrainte τ_{xy}, on aura $\tau_{xy} = \tau_{moy}$

$$T_y = \iint_s \tau_{moy} dS = \tau_{moy} S \quad \text{d'ou} \, \tau_{moy} = \frac{T}{S}$$

T: force tangentielle en [N] ;

S: air de la section cisaillée en [mm^2];

τ_{moy} en [MPa]

Pour une poutre, de section S, sollicitée au cisaillement simple, la valeur de la contrainte tangentielle est égale au rapport de l'effort F par la section S.

V. Relation contrainte _Déformation

Dans la première portion (Zone OA) de la courbe (figure 4.3), il y a proportionnalité entre la charge et la déformation. La loi traduisant cette linéarité est :

$$\tau_{moy} = G\gamma$$

G : est le module d'élasticité transversale ou module de Coulomb exprimé en [MPa].(Tableau 4.1)

Cette relation peut s'écrire encore : $\dfrac{F}{S} = G\dfrac{\Delta y}{\Delta x}$

Matériau	Plexiglass	Verre	Alpax Duralumin	Laiton	Fontes	Bronzes	Aciers	Acier à ressort
Valeur de G (en MPa)	11 000	28 000	32 000	34 000	40 000	48 000	80 000	84 000

Tableau 4.1

VI. Condition de résistance au cisaillement

Pour une pièce sollicitée au cisaillement, la valeur de la contrainte tangentielle τ_{moy} ne doit pas dépasser la valeur de la contrainte maximale admissible appelée encore résistance pratique au glissement R_{pg} $R_{pg} = \dfrac{R_{eg}}{s}$.

s : est le coefficient de sécurité.(sans unité)

D'où la condition de résistance d'une pièce au cisaillement : $\tau \le \mathbf{R_{pg}}$

RELATION ENTRE LA RÉSISTANCE ÉLASTIQUE À LA TRACTION (R_e) ET LA RÉSISTANCE ÉLASTIQUE AU CISAILLEMENT OU GLISSEMENT (R_{eg})	
Matériaux	Relation $R_{eg} = f(R_e)$
Acier doux ($R_e \le 270$ MPa) Alliages d'aluminium	$R_{eg} = 0{,}5\,R_e$
Aciers mi-durs ($320 \le R_e \le 500$ MPa)	$R_{eg} = 0{,}7\,R_e$
Aciers durs ($R_e \ge 600$ MPa) Fontes	$R_{eg} = 0{,}8\,R_e$
Relation générale $R_{eg} = f(R_e)$	
$R_{eg} = \dfrac{k_0}{1 + k_0} \cdot R_e$ $\quad k_0 = \dfrac{R_e}{R_{ec}}$ R_{ec} : résistance élastique à la compression	

Tableau 4.2

45

Chapitre 5

LA TORSION SIMPLE

I. Définition

Une poutre est sollicitée à la torsion simple si elle est soumise à deux couples de moments opposés qui tendent à la tordre ou lorsque le torseur associé aux efforts de cohésion peut se réduire en G, barycentre de la section droite S, à un moment porté par la normale à cette section. (Figure 5.1)

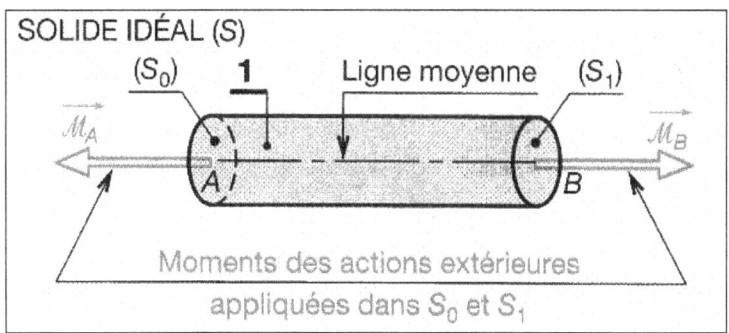

Figure 5.1

$$\{\tau_{coh}\}_G = \left\{\begin{array}{c}\vec{0} \\ \vec{M}_t\end{array}\right\}_G = \left\{\begin{array}{cc}0 & M_t \\ 0 & 0 \\ 0 & 0\end{array}\right\}_G$$

Dans ce cours on va traiter uniquement la torsion des poutres de section circulaire.

II.   Essai de torsion

L'essai de torsion est réalisé sur une éprouvette cylindrique de révolution soumise à deux moments opposés. (Figure 5.2).

Constatations

- La distance entre deux sections (x) droites reste constante.

- Les sections droites restent planes et normales à la ligne moyenne mais tournent autour de cette ligne.

- Le déplacement relatif de deux sections voisines est une rotation d'angle (dα autour de la ligne moyenne.

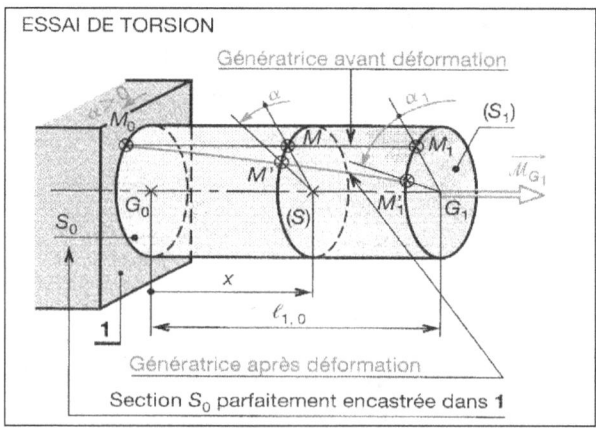

Figure 5.2

Le traçage de la courbe $M_{G1} = f(\alpha)$ permet de distinguer deux zones :

- Une zone élastique où la déformation est proportionnelle au moment: $|M_{G1}| = K\alpha$

- Une zone de déformations plastiques. (Figure 5.3)

Remarque

L'angle de rotation α est proportionnel à la distance (x) entre les sections: $\dfrac{\alpha}{X} = \dfrac{\alpha_1}{l_{1.0}} = cte$

On pose $\theta = \dfrac{\alpha}{X}$;

θ est l'angle de torsion unitaire exprimé en [rad/mm].

α_1 : angle de rotation unitaire de la section S_1/S_0 en [rad].

α : angle de rotation unitaire de la section S/S_0 en [rad].

$l_{1.0}$: distance entre S_1 et S_0 [mm].

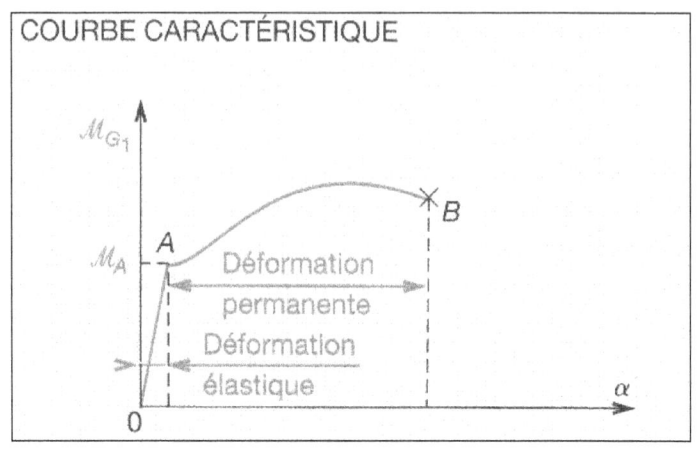

Figure 5.3

III. Relation contrainte-déformation

Soient deux sections droites très voisines séparées par une distance dx. Elles tournent l'une par rapport à l'autre de l'angle dα (Figure 5.4)

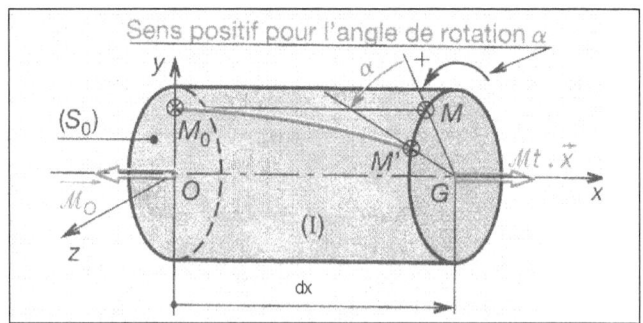

Figure 5.4

49

Au cours de la déformation chaque génératrice tourne dans le plan tangent d'un angle γ appelé angle de glissement :

$$\begin{cases} MM' = \rho \, d\alpha \\ MM' = \gamma \, dx \end{cases} \Rightarrow \rho \frac{d\alpha}{dx} = \rho\theta = \gamma$$

L'angle de glissement γ est proportionnel à la contrainte tangentielle **τ=G γ** où **G** est le module de Coulomb.

Il en résulte qu'en tout point M (figure 5.5), la contrainte de torsion sera alors proportionnelle à la distance ρ de ce point au centre de la section. $\boxed{\tau = G\theta\rho}$

La contrainte de torsion est maximale sur le contour extérieur de la section c'est à dire pour ρ =R d'où :

$$\boxed{\tau_{max} = G\theta R}$$

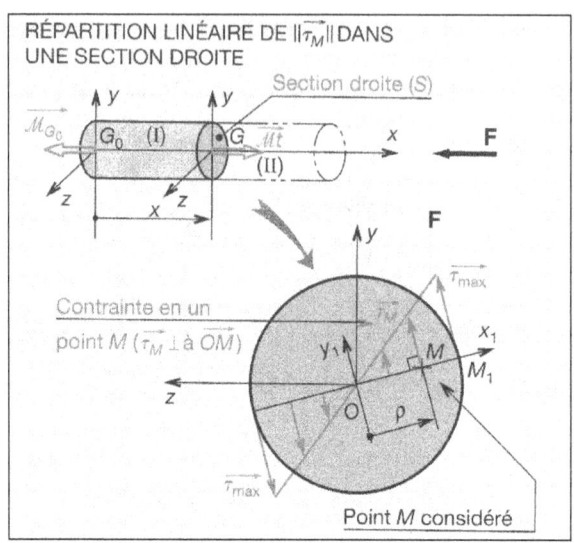

Figure 5.5

IV. Equation de déformation

En un point M de la section, la contrainte de torsion est $\tau_{(M)} = G\theta\rho$

Le vecteur contrainte $\vec{C}(M,\vec{x}) = \tau_{(M)}\vec{t} = G\theta\rho\ \vec{t}$

Le moment de torsion est suivant l'axe $(0,\vec{x})$, s'écrit $\vec{M}_t = M_t\vec{x}$. D'autre part

$$\vec{M}_t = \iint_S \vec{GM} \wedge \vec{C}(M,\vec{x})dS = \iint_S \rho\ \vec{x}_1 \wedge G\theta\ \rho\ \vec{t}\ dS$$

$$= G\theta\iint_S \rho^2 dS\ \vec{x} \Rightarrow M_t = G\theta\iint_S \rho^2 dS$$

$\iint_S \rho^2 dS$ est par définition le moment quadratique polaire de la surface S par rapport à son centre de gravité G. Il est noté I_G.

Exemples :

- Pour une surface circulaire pleine de diamètre D : $I_G = \pi D^4/32$
- Pour une surface circulaire creuse (annulaire) : $I_G = \pi(D^4-d^4)/32$

La relation entre le moment et la déformation (équation de déformation) est: $M_t = G\theta I_G$

M_t: [N mm]; θ [rad/mm]; G[Mpa] et I_G: [mm^4]

V. Relation contrainte -moment de torsion

La contrainte en un point M vaut $\tau_{(M)} = G\theta \rho$

Le moment de torsion est $M_t = G\theta I_G$

Il en découle $\tau_{(M)} = \dfrac{M_t}{I_G}\rho$ ou $\tau_{(M)} = \dfrac{M_t}{\dfrac{I_G}{\rho}}$

$\dfrac{I_G}{\rho}$: Module de torsion. [mm^3]

La contrainte maximale de torsion est obtenue pour

$$\rho = \mathsf{R} \; : \; \tau_{\max} = \frac{M_t}{I_G} R$$

VI. Condition de résistance à la torsion

Pour des raisons de sécurité la contrainte $\tau_{\max}$ doit rester inférieure à la valeur de la contrainte pratique au glissement R_{pg}, en adoptant un coefficient de sécurité s tel que $R_{pg} = R_{eg}/s$, où s dépend de l'application.

D'où la condition de résistance d'une pièce en torsion : $\left| \tau \right|_{\max} \leq R_{pg}$

En d'autre terme : $\dfrac{\left| M \right|_t}{I_G} R \leq R_{pg}$

R_{eg} : résistance élastique au glissement ou au cisaillement [Mpa].

VII. Condition de rigidité

Pour des arbres de grande longueur (arbre de forage des puits de pétrole, arbres de navires...) on évite de trop grandes déformations pour diminuer les vibrations. Ainsi la déformation doit rester inférieure à une valeur limite

θ_{lim}. D'où la condition de rigidité d'une pièce en torsion :

$$\frac{M_t}{GI_G} \leq \theta_{lim}$$

VIII. Concentration de contrainte

Tout changement brusque de section (rainure de clavette, gorge, épaulement…) entraîne une concentration de contrainte au niveau de la section d'où la modification de la condition de résistance vue ci-dessus.

$$\left|\tau_{eff}\right|_{max} \leq R_{pg} \text{ avec } \left|\tau_{eff}\right|_{max} = K_t \left|\tau_{th\,max}\right|$$

$\tau_{eff\,max}$: Contrainte effective maximale [MPa].

$\tau_{th\,max}$: Contrainte théorique sans concentration [MPa].

54

K_t : Coefficient de concentration relatif à la torsion, déterminée par les abaques de la Figure5.7.

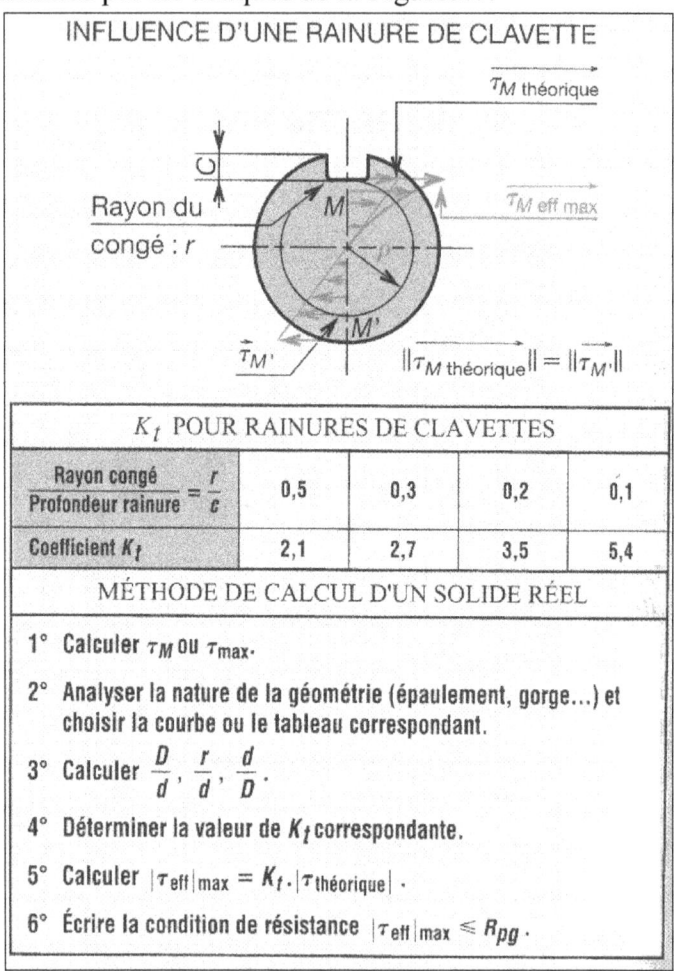

Figure 5.6

Exemple de calcul :

La Figure 5.6 illustre l'exemple d'une rainure de clavette.

Déterminer K_t pour une rainure de clavette ayant un congé dont l'angle intérieur r= 0.3 et pour arbre de diamètre d=20 mm.

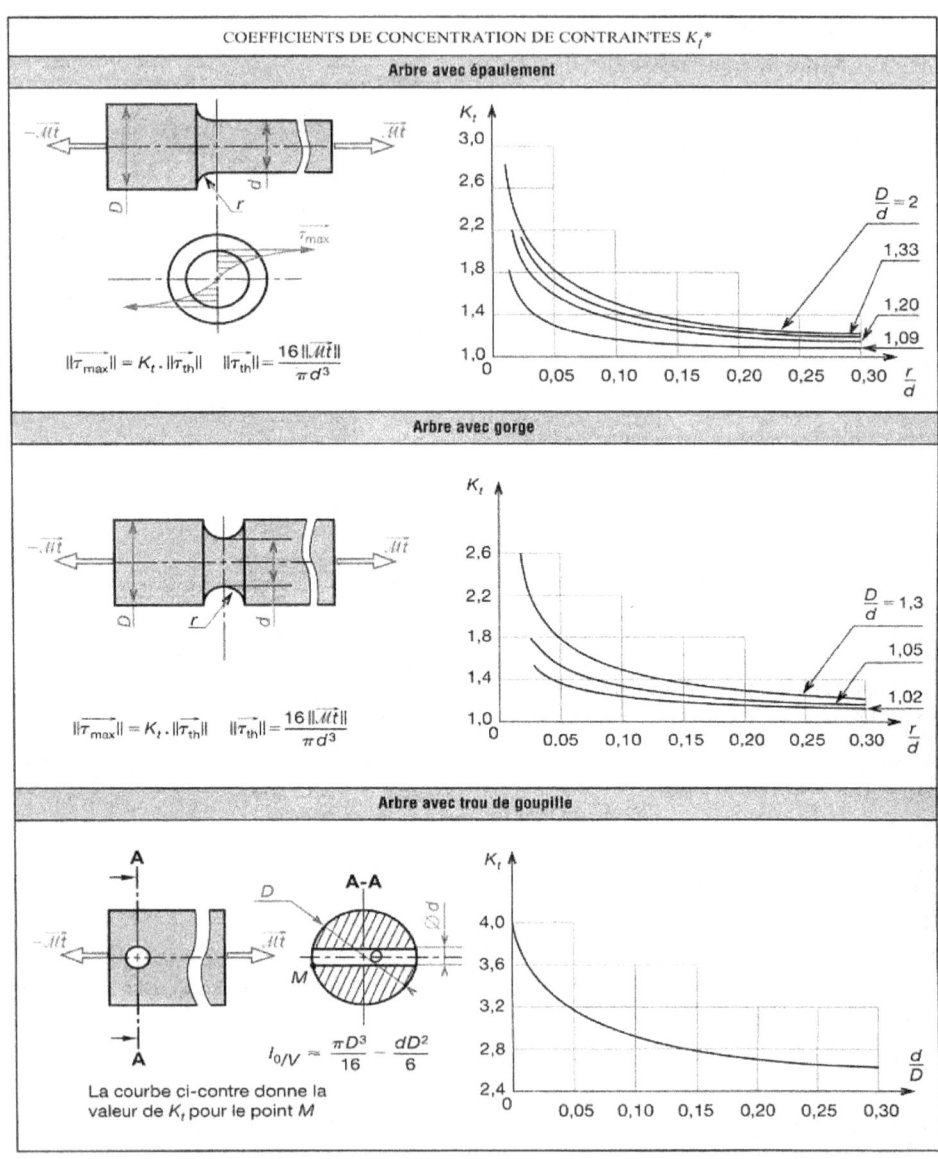

Figure 5.7

LA FLEXION SIMPLE

I. Définition

Une poutre est sollicitée à la flexion simple si le torseur associé aux efforts de cohésion peut se réduire en G, barycentre de la section droite S, à une résultante contenue dans le plan de la section et à un moment perpendiculaire à cette dernière. Un exemple de poutre sollicitée à la flexion simple est illustré sur la figure 6.1

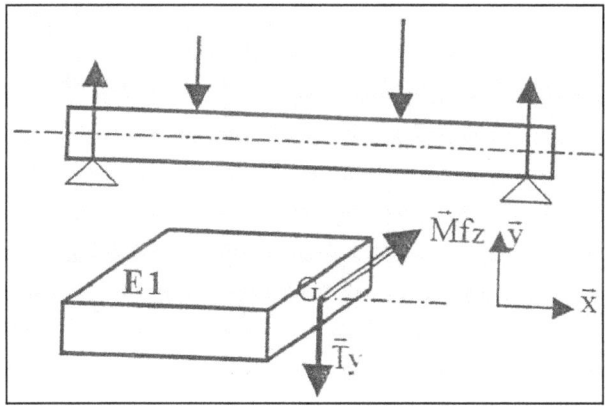

Figure 6.1

58

$$\{\tau_{coh}\}_G = \left\{ \begin{array}{c} \vec{T} \\ \vec{M}_{fz} \end{array} \right\}_G = \left\{ \begin{array}{cc} 0 & 0 \\ T_y & 0 \\ 0 & M_{fz} \end{array} \right\}_G$$

II. Etude des contraintes

Lorsque la poutre fléchit, (Figure 6.2) la section droite pivote d'un angle $\Delta\varphi$ et on constate que:

-Les fibres moyennes ne changent pas de longueur (La contrainte est donc nulle).

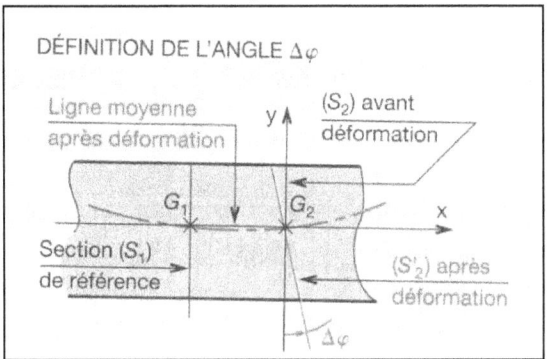

Figure 6.2

-Les autres fibres s'allongent ou se compriment. (Figure 6.3). Les contraintes normales engendrées sont proportionnelles à l'ordonnée qui les séparent du plan des fibres moyennes, d'où : $\boxed{\sigma_M = -E\theta\, y}$

σ_M : Contrainte normale de flexion en M [MPa]

E : Module d'Young [MPa]

59

y : Ordonnée de M par rapport à la fibre neutre [mm].

θ : Angle unitaire de flexion [rad/mm]. ; $\theta = \dfrac{\Delta\varphi}{\Delta x}$

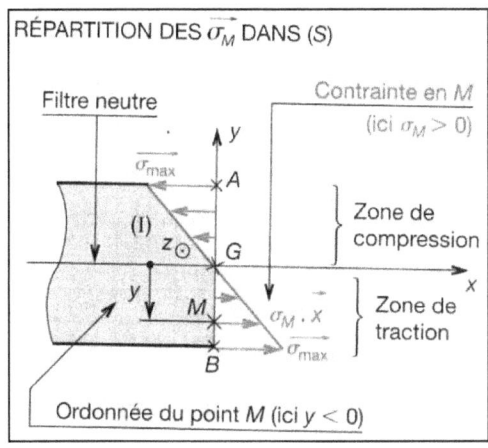

Figure 6.3

III. Relation entre contrainte et moment de flexion

Le vecteur contrainte dans la section droite s'écrit

$$\vec{C}(M,\vec{x}) = \sigma_x \vec{x} = -E\theta\, y\, \vec{x}$$

Le moment résultant du torseur de cohésion

$$\vec{M}_{fz} = M_{fz}\vec{z} = \iint_S G\vec{M} \wedge \vec{C}(M,\vec{x})$$

$G\vec{M} = y\vec{y} + z\vec{z}$;   Il   en   résulte.

$$M_{fz} = \iint_S E\theta\, y^2 dS = E\theta \iint_S y^2 dS \text{ (Sachant que G=O)}$$

Or $\sigma_x = -E\theta y \Rightarrow E\theta = -\dfrac{\sigma_x}{y}$ Donc

$$M_{fz} = -\frac{\sigma_x}{y} \iint_S y^2 dS$$

Définition : moment quadratique d'une section. (Figure 6.4)

Le moment quadratique d'une section par rapport à un axe contenu dans son plan est:

$$I_{OZ} = \iint_S y^2 dS$$

I_{oz} : Moment quadratique polaire de S par rapport à l'axe $(0, \vec{z})$ [mm^4]

y : distance du point M à l'axe $(0, \vec{z})$ [mm]

$$I_{OZ} = \iint_S y^2 dS \text{ et } I_{OY} = \iint_S z^2 dS$$

Le moment quadratique polaire de S par rapport à l'axe $(0, \vec{x})$ est $I_O = \iint_S \rho^2 dS$

Comme $\rho^2 = y^2 + z^2$ alors:

$$I_O = \iint_S (y^2 + z^2) dS = I_{OY} + I_{OZ}$$

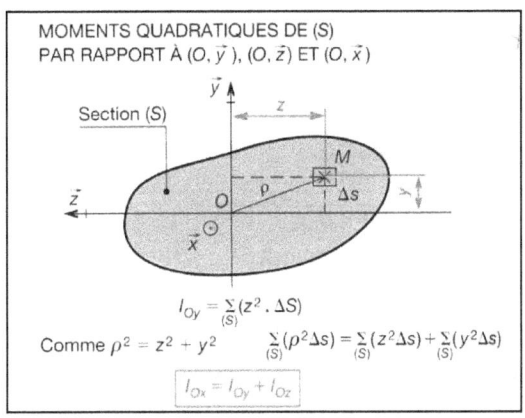

Figure 6.4

Tableau des moments quadratiques des sections usuelles

	VALEURS DE MOMENTS QUADRATIQUES PARTICULIERS					
	SECTIONS PRÉSENTANT UNE SYMÉTRIE CENTRALE					
Sections (S) / Caractéristiques	y↑ O z G h b	y↑ O z G a a	y↑ O z b' G h b	y↑ O z G d	y↑ O z G d D	y↑ O z G a b
I_{Gy}	$\dfrac{hb^3}{12}$	$\dfrac{a^4}{12}$	$\dfrac{hb^3 - h'b'^3}{12}$	$\dfrac{\pi d^4}{64}$	$\dfrac{\pi}{64}(D^4 - d^4)$	$0,784\, ab^3$
I_{Gz}	$\dfrac{bh^3}{12}$	$\dfrac{a^4}{12}$	$\dfrac{bh^3 - b'h'^3}{12}$	$\dfrac{\pi d^4}{64}$	$\dfrac{\pi}{64}(D^4 - d^4)$	$0,784\, a^3 b$
$I_0 = I_G$	$\dfrac{bh}{12}(b^2 + h^2)$	$\dfrac{a^4}{6}$	$I_{Gy} + I_{Gz}$	$\dfrac{\pi d^4}{32}$	$\dfrac{\pi}{32}(D^4 - d^4)$	$\dfrac{\pi}{4}ab(a^2 + b^2)$

Finalement $M_{fz} = -\dfrac{\sigma_x}{y} I_{GZ} \Rightarrow \sigma_x = -\dfrac{M_{fz}}{I_{GZ}} y$

Les contraintes normales se développent dans les fibres les plus éloignées de la fibre neutre. :

$$\left| \sigma_x \right|_{max} = \frac{M_{fz}}{I_{GZ}} \left| y \right|_{max}$$

Pour une section droite donnée, la quantité

$$W_Z = \frac{I_{GZ}}{\left| y \right|_{max}}$$ s'appelle module de résistance à la flexion de

la section par rapport à l'axe (0, $\vec{z}$) [mm³]. Ce module est donné sur les catalogues des fournisseurs.

La relation la plus utilisée est, donc: $\left| \sigma_x \right|_{max} = \frac{M_{fz}}{W_Z}$

IV. Condition de résistance à la flexion

La contrainte σ_x doit rester inférieure à la contrainte pratique à l'extension R_{pe} telle que : $R_{pe} = \frac{Re}{s}$

La condition de résistance s'écrit, donc :

$$\left| \sigma_x \right|_{max} \leq R_{pe} \Rightarrow \frac{M_{fz}}{I_{GZ}} \left| y \right|_{max} \leq R_{pe}$$

V. Concentration de contrainte

Tout changement brusque de section (rainure de clavette, gorge, épaulement...) entraîne une concentration de contrainte au niveau de la section d'où la modification de la condition de résistance vue ci-dessus.

La condition de résistance s'écrit dans ce cas :

$$\left|\sigma_x\right|_{effe\ \max} = K_f \left|\sigma_x\right|_{th\ \max} \leq R_{pe}$$

K_f : Coefficient de concentration relatif à la flexion déterminée par les abaques de la Figure 6.5.

VALEURS DES COEFFICIENTS DE CONCENTRATION DE CONTRAINTES K_f

Plaque à section variable

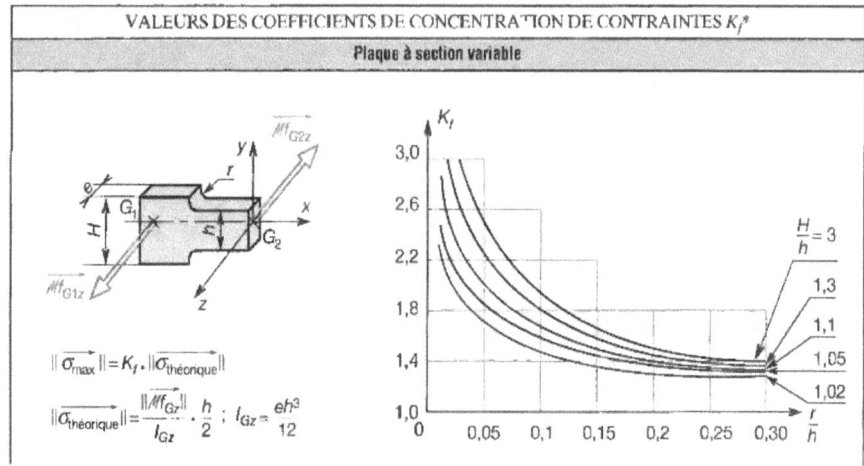

$$\|\overrightarrow{\sigma_{max}}\| = K_f \cdot \|\overrightarrow{\sigma_{théorique}}\|$$

$$\|\overrightarrow{\sigma_{théorique}}\| = \frac{\|\overrightarrow{Mf_{Gz}}\|}{I_{Gz}} \cdot \frac{h}{2} \quad ; \quad I_{Gz} = \frac{eh^3}{12}$$

Plaque percée d'un trou

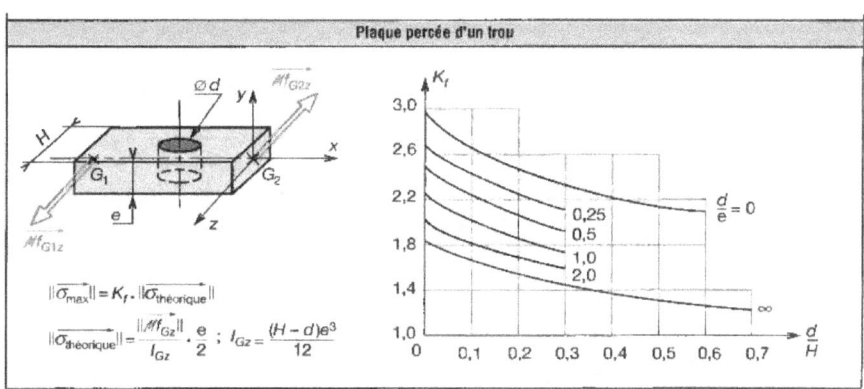

$$\|\overrightarrow{\sigma_{max}}\| = K_f \cdot \|\overrightarrow{\sigma_{théorique}}\|$$

$$\|\overrightarrow{\sigma_{théorique}}\| = \frac{\|\overrightarrow{Mf_{Gz}}\|}{I_{Gz}} \cdot \frac{e}{2} \quad ; \quad I_{Gz} = \frac{(H-d)e^3}{12}$$

Plaque avec saignées

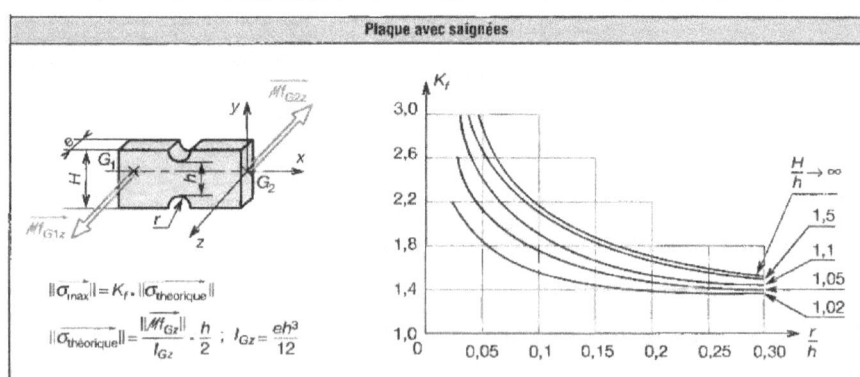

$$\|\overrightarrow{\sigma_{max}}\| = K_f \cdot \|\overrightarrow{\sigma_{théorique}}\|$$

$$\|\overrightarrow{\sigma_{théorique}}\| = \frac{\|\overrightarrow{Mf_{Gz}}\|}{I_{Gz}} \cdot \frac{h}{2} \quad ; \quad I_{Gz} = \frac{eh^3}{12}$$

65

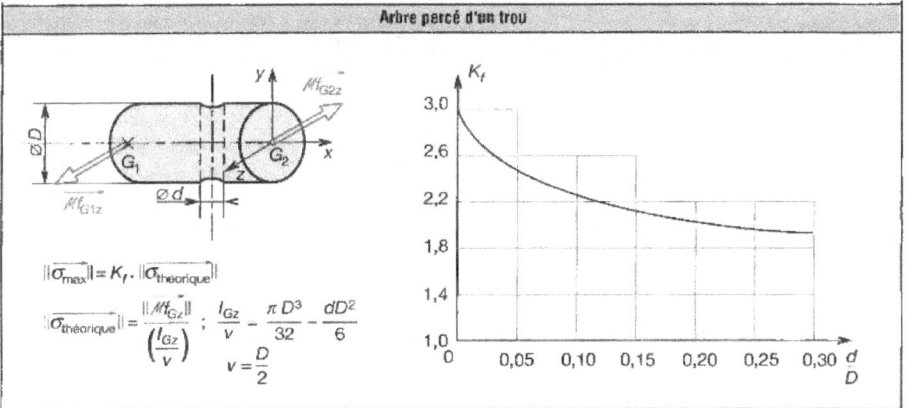

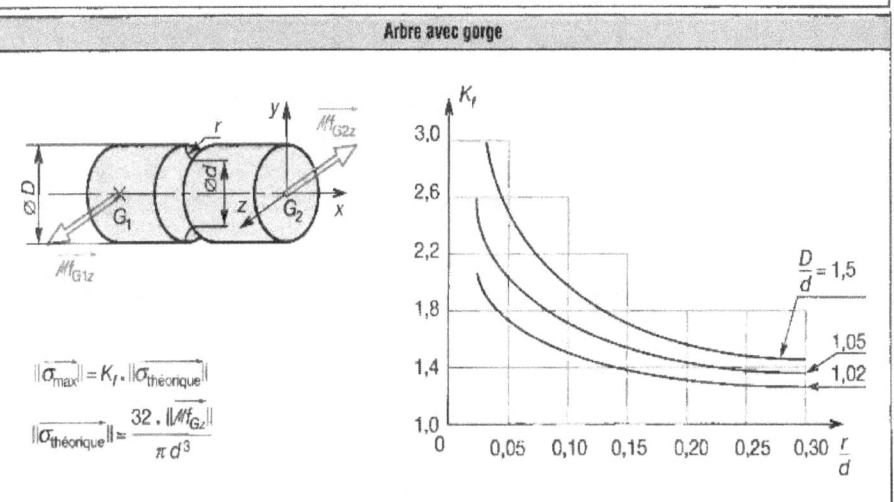

Figure 6.5

VI. Déformation en flexion

6-1 Déformée

On appelle déformée, la courbe de la ligne moyenne de la poutre après déformation. (Figure 6.6)

L'équation de la déformée est: $y = f(x)$

y est la flèche au point d'abscisse x.

Les dérivées première et seconde sont notées y' et y".

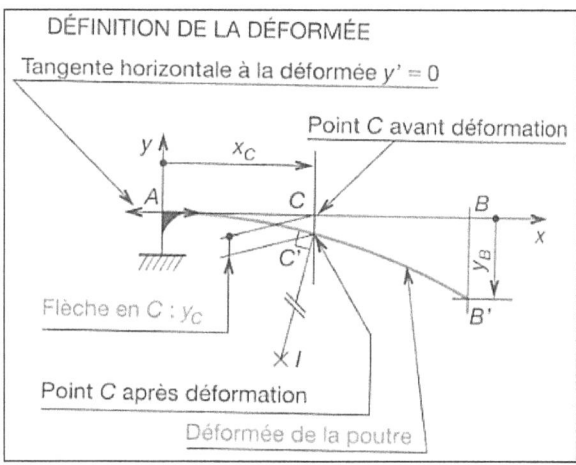

Figure 6.6

<u>6-2 Relation entre flèche et moment</u>

<u>fléchissant</u>

On peut calculer la flèche à partir de l'équation de la déformée déterminée par double intégration de l'équation du moment fléchissant. $EI_{GZ}y''(x) = -M_{fz}$

VII. Condition de rigidité en flexion

On calcule la flèche maximale et on vérifie ensuite que cette flèche reste inférieure à une valeur limite f_{lim} :

$$\boxed{y_{max} \leq f_{lim}}$$

VIII. Théorème de superposition des déformations

Théorème

Pour une poutre sollicitée dans son domaine élastique, la déformation due à un système de charges est égale à la somme des déformations dues à l'application successive des charges constituant le système de chargement appliqué initialement.

Ce principe permet de décomposer un système complexe de n forces, en n systèmes simples, avec une force appliquée. On trouve ensuite chaque valeur de flèche et on fait la somme algébrique pour retrouver la flèche du système initial.

Le formulaire présenté dans la Figure 6.7 aide dans la phase de résolution.

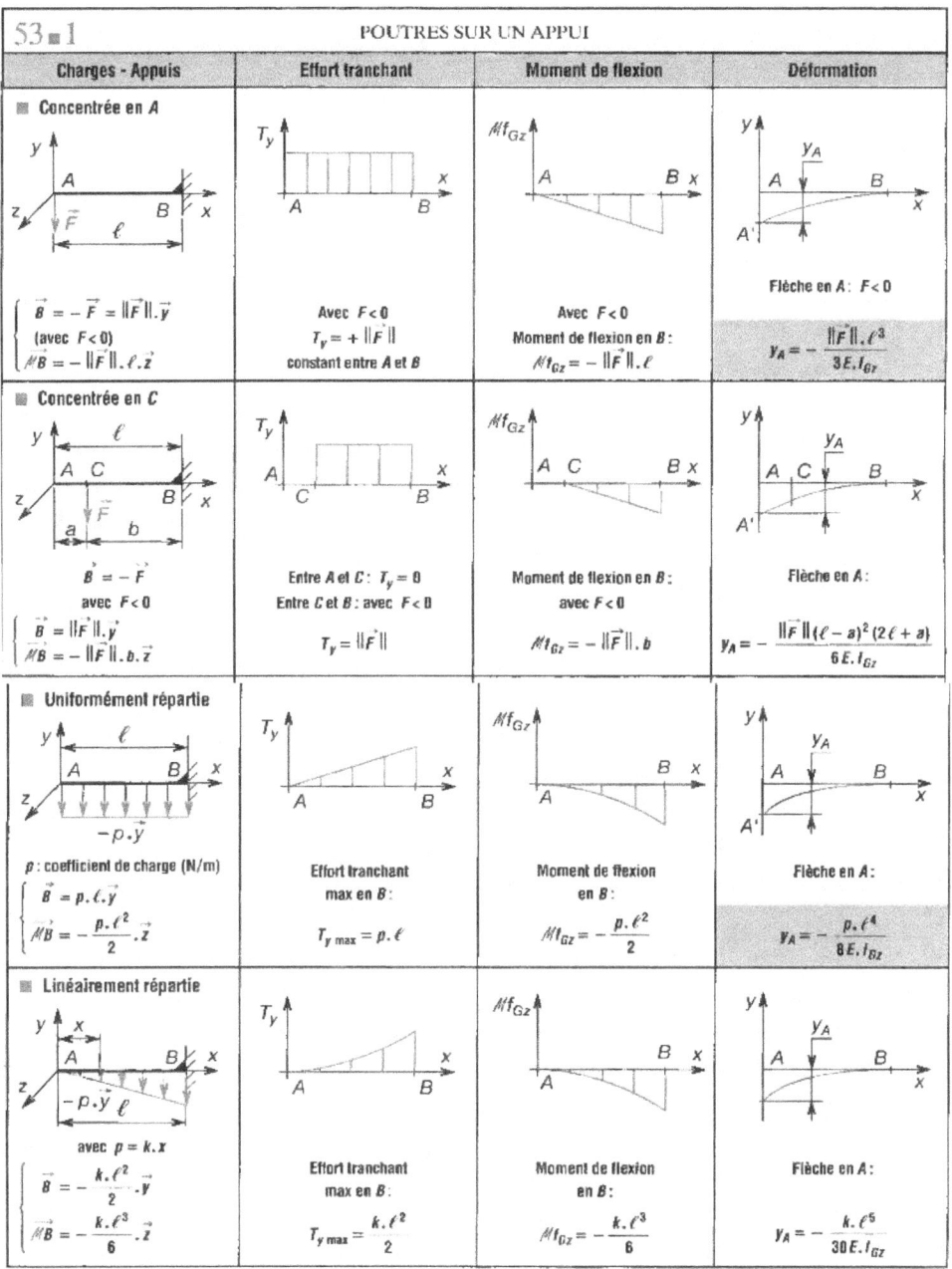

Charges - Appuis	Effort tranchant	Moment de flexion	Déformation
■ Concentrée en A $\begin{cases} \vec{B} = -\vec{F} = \|\vec{F}\|.\vec{y} \\ \text{(avec } F<0) \\ \vec{M_B} = -\|\vec{F}\|.\ell.\vec{z} \end{cases}$	Avec $F<0$ $T_y = +\|\vec{F}\|$ constant entre A et B	Avec $F<0$ Moment de flexion en B : $Mf_{Gz} = -\|\vec{F}\|.\ell$	Flèche en A : $F<0$ $y_A = -\dfrac{\|\vec{F}\|.\ell^3}{3E.I_{Gz}}$
■ Concentrée en C $\begin{cases} \vec{B} = -\vec{F} \\ \text{avec } F<0 \\ \vec{B} = \|\vec{F}\|.\vec{y} \\ \vec{M_B} = -\|\vec{F}\|.b.\vec{z} \end{cases}$	Entre A et C : $T_y = 0$ Entre C et B : avec $F<0$ $T_y = \|\vec{F}\|$	Moment de flexion en B : avec $F<0$ $Mf_{Gz} = -\|\vec{F}\|.b$	Flèche en A : $y_A = -\dfrac{\|\vec{F}\|(\ell-a)^2(2\ell+a)}{6E.I_{Gz}}$
■ Uniformément répartie $-p.\vec{y}$ p : coefficient de charge (N/m) $\begin{cases} \vec{B} = p.\ell.\vec{y} \\ \vec{M_B} = -\dfrac{p.\ell^2}{2}.\vec{z} \end{cases}$	Effort tranchant max en B : $T_{y\,max} = p.\ell$	Moment de flexion en B : $Mf_{Gz} = -\dfrac{p.\ell^2}{2}$	Flèche en A : $y_A = -\dfrac{p.\ell^4}{8E.I_{Gz}}$
■ Linéairement répartie $-p.\vec{y}\,\dfrac{x}{\ell}$ avec $p = k.x$ $\begin{cases} \vec{B} = -\dfrac{k.\ell^2}{2}.\vec{y} \\ \vec{M_B} = -\dfrac{k.\ell^3}{6}.\vec{z} \end{cases}$	Effort tranchant max en B : $T_{y\,max} = \dfrac{k.\ell^2}{2}$	Moment de flexion en B : $Mf_{Gz} = -\dfrac{k.\ell^3}{6}$	Flèche en A : $y_A = -\dfrac{k.\ell^5}{30E.I_{Gz}}$

70

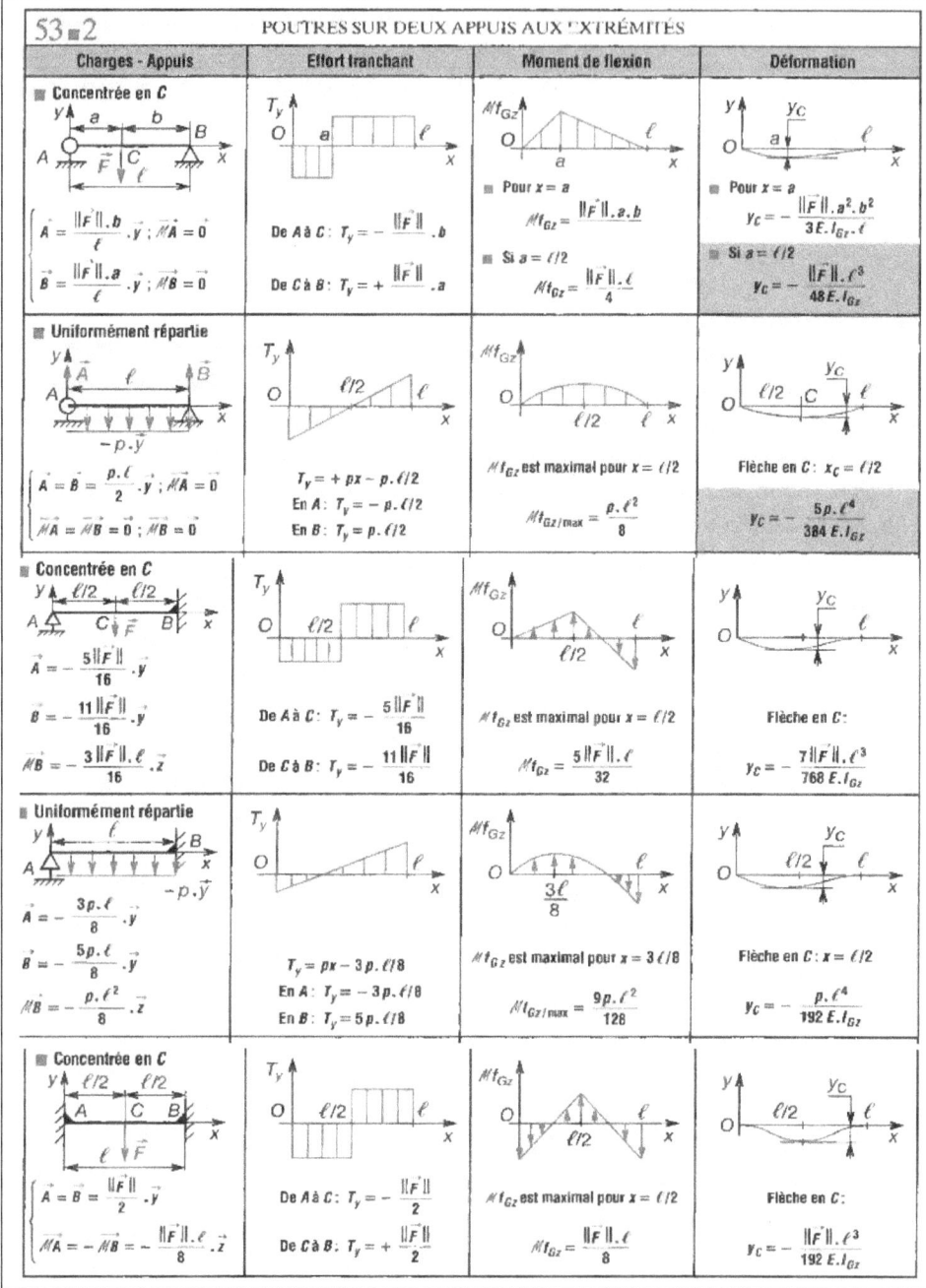

Charges - Appuis	Effort tranchant	Moment de flexion	Déformation

■ Concentrée en C

$$\vec{A} = \frac{\|\vec{F}\|.b}{\ell}.\vec{y} \; ; \; \vec{MA} = \vec{0}$$
$$\vec{B} = \frac{\|\vec{F}\|.a}{\ell}.\vec{y} \; ; \; \vec{MB} = \vec{0}$$

De A à C : $T_y = -\dfrac{\|\vec{F}\|}{\ell}.b$

De C à B : $T_y = +\dfrac{\|\vec{F}\|}{\ell}.a$

■ Pour $x = a$
$$Mf_{Gz} = \frac{\|\vec{F}\|.a.b}{\ell}$$
■ Si $a = \ell/2$
$$Mf_{Gz} = \frac{\|\vec{F}\|.\ell}{4}$$

■ Pour $x = a$
$$y_C = -\frac{\|\vec{F}\|.a^2.b^2}{3E.I_{Gz}.\ell}$$
■ Si $a = \ell/2$
$$y_C = -\frac{\|\vec{F}\|.\ell^3}{48E.I_{Gz}}$$

■ Uniformément répartie

$$\vec{A} = \vec{B} = \frac{p.\ell}{2}.\vec{y} \; ; \; \vec{MA} = \vec{0}$$
$$\vec{MA} = \vec{MB} = \vec{0} \; ; \; \vec{MB} = \vec{0}$$

$T_y = +px - p.\ell/2$
En A : $T_y = -p.\ell/2$
En B : $T_y = p.\ell/2$

Mf_{Gz} est maximal pour $x = \ell/2$
$$Mf_{Gz/max} = \frac{p.\ell^2}{8}$$

Flèche en C : $x_C = \ell/2$
$$y_C = -\frac{5p.\ell^4}{384 E.I_{Gz}}$$

■ Concentrée en C

$$\vec{A} = -\frac{5\|\vec{F}\|}{16}.\vec{y}$$
$$\vec{B} = -\frac{11\|\vec{F}\|}{16}.\vec{y}$$
$$\vec{MB} = -\frac{3\|\vec{F}\|.\ell}{16}.\vec{z}$$

De A à C : $T_y = -\dfrac{5\|\vec{F}\|}{16}$

De C à B : $T_y = -\dfrac{11\|\vec{F}\|}{16}$

Mf_{Gz} est maximal pour $x = \ell/2$
$$Mf_{Gz} = \frac{5\|\vec{F}\|.\ell}{32}$$

Flèche en C :
$$y_C = -\frac{7\|\vec{F}\|.\ell^3}{768 E.I_{Gz}}$$

■ Uniformément répartie

$$\vec{A} = -\frac{3p.\ell}{8}.\vec{y}$$
$$\vec{B} = -\frac{5p.\ell}{8}.\vec{y}$$
$$\vec{MB} = -\frac{p.\ell^2}{8}.\vec{z}$$

$T_y = px - 3p.\ell/8$
En A : $T_y = -3p.\ell/8$
En B : $T_y = 5p.\ell/8$

Mf_{Gz} est maximal pour $x = 3\ell/8$
$$Mf_{Gz/max} = \frac{9p.\ell^2}{128}$$

Flèche en C : $x = \ell/2$
$$y_C = -\frac{p.\ell^4}{192 E.I_{Gz}}$$

■ Concentrée en C

$$\vec{A} = \vec{B} = \frac{\|\vec{F}\|}{2}.\vec{y}$$
$$\vec{MA} = -\vec{MB} = -\frac{\|\vec{F}\|.\ell}{8}.\vec{z}$$

De A à C : $T_y = -\dfrac{\|\vec{F}\|}{2}$

De C à B : $T_y = +\dfrac{\|\vec{F}\|}{2}$

Mf_{Gz} est maximal pour $x = \ell/2$
$$Mf_{Gz} = \frac{\|\vec{F}\|.\ell}{8}$$

Flèche en C :
$$y_C = -\frac{\|\vec{F}\|.\ell^3}{192 E.I_{Gz}}$$

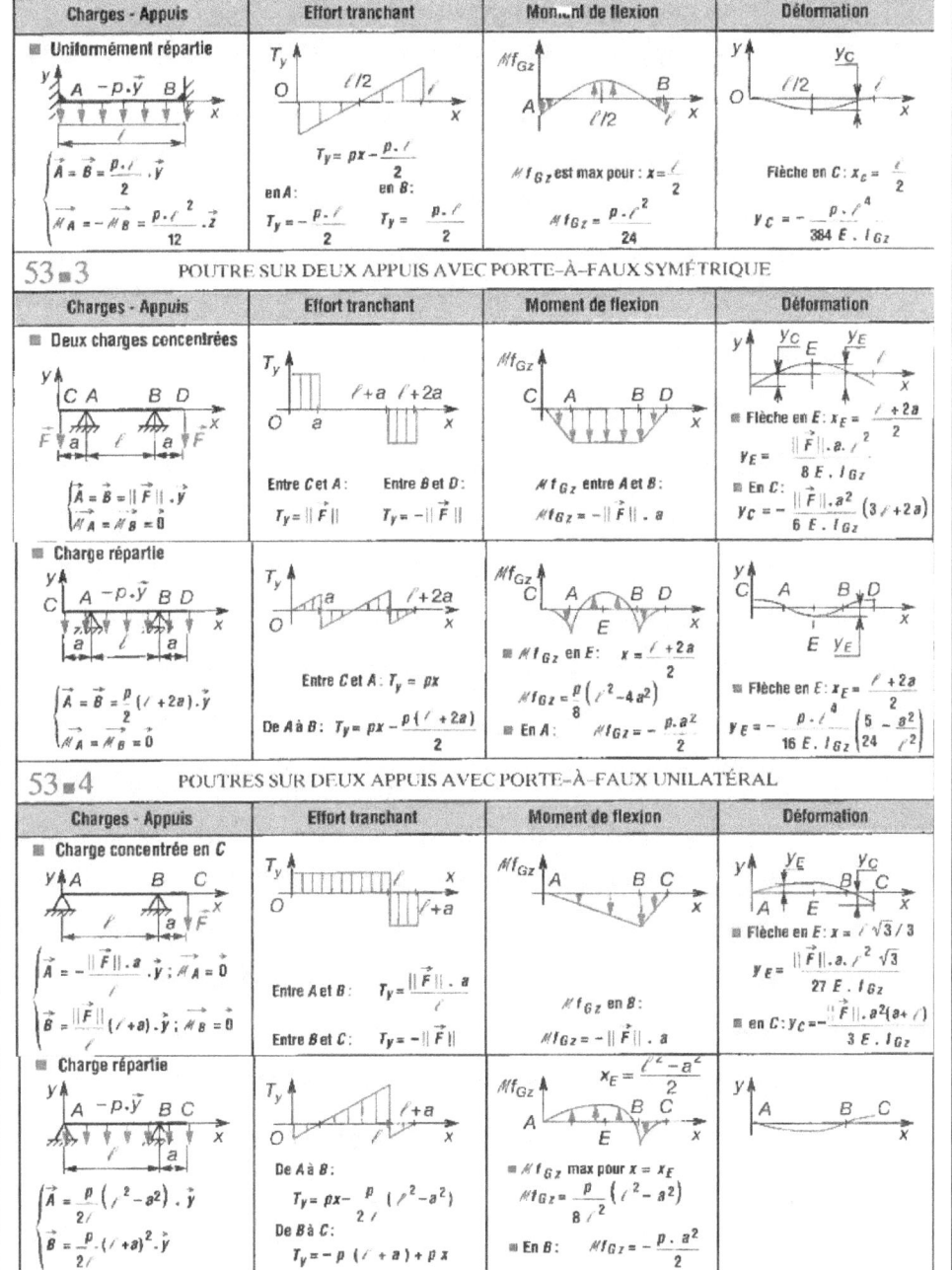

Figure 6.7

Exemple

On considère un IPE 180 reposant sur deux appuis linéaires rectilignes parfaits en A et B

Cette poutre, dont on ne négligera pas le poids supporte en C une charge verticale concentrée

$$\overrightarrow{C_{4\to1}} = -1200.\vec{y}$$

Hypothèses :

poids linéique : p = 188 N/m

moment quadratique IGZ = 1 317 cm4

module de Young : E = 2.105 Mpa

longueur l = 3m

1-Calculer la flèche en I, milieu de la poutre

Considérons dans un premier temps la poutre soumise à la charge répartie p uniquement

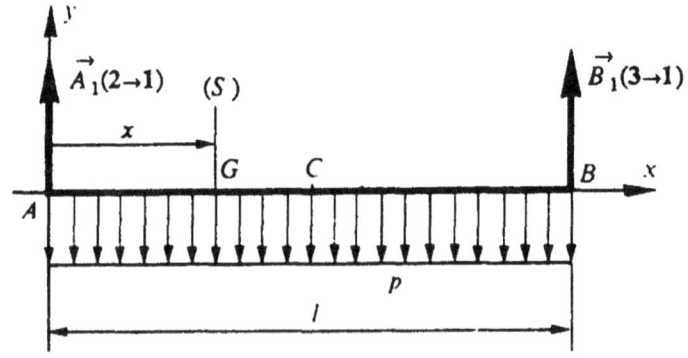

$$y_1(I) = \frac{5.p.l_3}{384.E.I_{GZ}} = \frac{5.0,188.3000^4}{384.200000.1317.10^4} = 0.075mm$$

Considérons dans un deuxième temps la poutre soumise à la charge concentrée uniquement

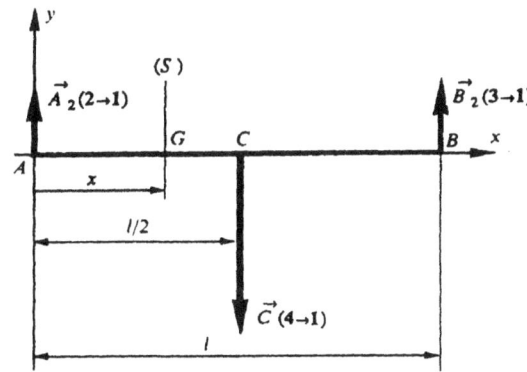

$$y_2(I) = \frac{P.l_3}{48.E.I_{GZ}} = \frac{1200.3000^3}{48.2.10^5.1317.10^4} = 0.256mm$$

Utilisons le principe de superposition : y= y₁ + y₂ = 0,075 + 0,256 = 0,331mm

EXERCICE D'APPLICATION : Poutre en IPN

Une poutre 1, encastrée dans 2 au point B, est constituée par un IPN de longueur L= 1.5 m. Elle supporte une charge uniformément répartie de coefficient P=1800 N/m. Sa résistance pratique est Rpe 100 Mpa et son module d'élasticité longitudinale est E=200000 MPa

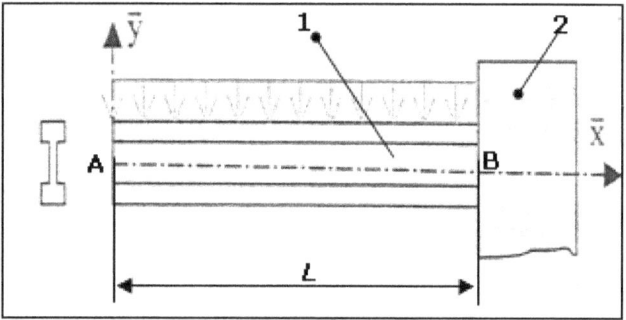

Questions

1°) Déterminer les actions mécaniques de 2 sur 1 en B.

2°) Déterminer le torseur de cohésion le long de AB.

3°) Tracer les diagrammes des efforts tranchants et des moments fléchissant.

4°) Déterminer la hauteur minimale de l'IPN en utilisant le tableau6.1

5°) La flèche maximale est fixée à L/500, vérifier l'IPN choisi.

Choix de l'axe de calcul :

① Prendre les valeurs relatives à l'axe Gx

② Prendre les valeurs relatives à l'axe Gy

SECTIONS DE POUTRELLES IPN — NF A 45 - 209

Dimensions (mm)				Sections (cm²)	Masses linéiques (kg/m)	Moments quadratiques (cm⁴)		Modules de flexion (cm³)		Rayons de giration (cm)	
H	B	E	E'	s	p	I_{Gx}	I_{Gy}	$\frac{I_{Gx}}{V_y}$	$\frac{I_{Gy}}{V_x}$	f_x	f_y
80	42	3.9	5.9	7.58	5.95	77.8	6.29	19.5	3.00	3.20	0.91
100	50	4.5	6.8	10.6	8.32	171	12.2	34.2	4.88	4.01	1.07
120	58	5.1	7.7	14.2	11.2	328	21.5	54.7	7.41	4.81	1.23
140	66	5.7	8.6	18.3	14.4	573	35.2	81.9	10.7	5.61	1.40
160	74	6.3	9.5	22.8	17.9	935	54.7	117	14.8	6.40	1.55
180	82	6.9	10.4	27.9	21.9	1 450	81.3	161	19.8	7.20	1.71
200	90	7.5	11.3	33.5	26.3	2 140	117	214	26.0	8.00	1.87
220	98	8.1	12.2	39.6	31.1	3 060	162	278	33.1	8.80	2.02
240	106	8.7	13.1	46.1	36.2	4 250	221	354	41.7	9.59	2.20
260	113	9.4	14.1	53.4	41.9	5 740	288	442	51.0	10.4	2.32
280	119	10.1	15.2	61.1	48.0	7 590	364	542	61.2	11.1	2.45
300	125	10.8	16.2	69.1	54.2	9 800	451	653	72.2	11.9	2.56
320	131	11.5	17.3	77.8	61.1	12 510	555	782	84.7	12.7	2.67
340	137	12.2	18.3	86.8	68.1	15 700	674	923	98.4	13.5	2.80
360	143	13	19.5	97.1	76.2	19 610	818	1 090	114	14.2	2.90
400	155	14.4	21.6	118	92.6	29 210	1 160	1 460	149	15.7	3.13
450	170	16.2	24.3	147	115	45 850	1 730	2 040	203	17.7	3.48
500	185	18	27.0	180	141	68 740	2 480	2 750	268	19.6	3.72

Tableau6.1

76

Chapitre 7

SOLLICITATIONS COMPOSÉES

I. Flexion_torsion

1-1 Définition

Un arbre est soumis à une sollicitation de flexion_torsion si le torseur associé aux efforts de cohésion peut se réduire en G, barycentre de la section droite S, à un moment de torsion et à un moment de flexion (figure7.1).

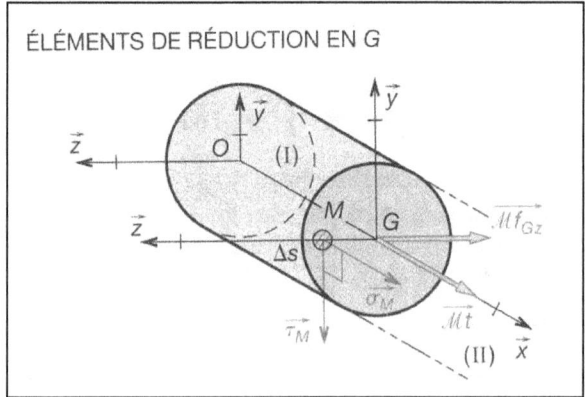

Figure 7.1

77

$$\{\tau_{coh}\}_G = \left\{ \begin{array}{c} \bar{0} \\ \vec{M}_{fz} + \vec{M}_t \end{array} \right\}_G = \left\{ \begin{array}{cc} 0 & M_t \\ 0 & 0 \\ 0 & M_{fz} \end{array} \right\}_G$$

1-2-Moment idéal de flexion

Les contraintes normales et tangentielles agissent simultanément et il y a majoration de chacune d'elle. On calcule la contrainte normale à partir du moment idéal de flexion défini par la formule suivante :

$$Mf_i = \left(1 - \frac{1}{2\lambda}\right) Mf + \frac{1}{2\lambda} \sqrt{Mf^2 + Mt^2} \quad \text{Mf}_i :$$

Moment idéal de flexion [N.mm]

$\lambda = R_{pg}/R_{pe}$ (tableau 7.1)

CALCUL DU MOMENT IDÉAL DE FLEXION (D'après Mohr-Cacquot)	
Matériau	**Expression de** $\mathcal{M}f_i$
Acier : $\lambda \approx \dfrac{R_{pg}}{R_{pe}}$ $\lambda \approx \dfrac{1}{2}$ *	$\mathcal{M}f_i = \sqrt{\mathcal{M}f^2 + \mathcal{M}t^2} = \mathcal{M}t_i$ (Formule de Coulomb)
Fonte : $\lambda \approx 1$	$\mathcal{M}f_i = \dfrac{1}{2}\mathcal{M}f + \dfrac{1}{2}\sqrt{\mathcal{M}f^2 + \mathcal{M}t^2}$ (Formule de Rankine)
Matériaux moulés : $\lambda \approx \dfrac{4}{5}$	$\mathcal{M}f_i = \dfrac{3}{8}\mathcal{M}f + \dfrac{5}{8}\sqrt{\mathcal{M}f^2 + \mathcal{M}t^2}$ (Formule de Saint Venant)

Pour les aciers $\lambda = 0.5$, moment idéal de flexion

$$Mf_i = \sqrt{Mf^2 + Mt^2}$$

R_{pe} : Résistance pratique à l'extension [MPa].

R_{pg} : Résistance pratique au glissement [MPa].

1-3 Condition de résistance

La condition de résistance d'un arbre sollicité à la flexion_torsion s'écrit : $\sigma_M \leq Rpe$ où σ_M est déterminée à partir du moment idéal de flexion

1-4-Déformation

Pour le calcul des flèches verticales, partir de la sollicitation de flexion supposée seule. Vérifier ensuite que cette flèche est acceptable. $\left(y_{max} \leq f_{lim} \right)$; figure7.2.

Pour le calcul des angles de torsion, partir de la sollicitation de torsion supposée seule. Vérifier ensuite que cet angle est acceptable. $\left(\theta_{max} \leq \theta_{lim} \right)$; figure7.2.

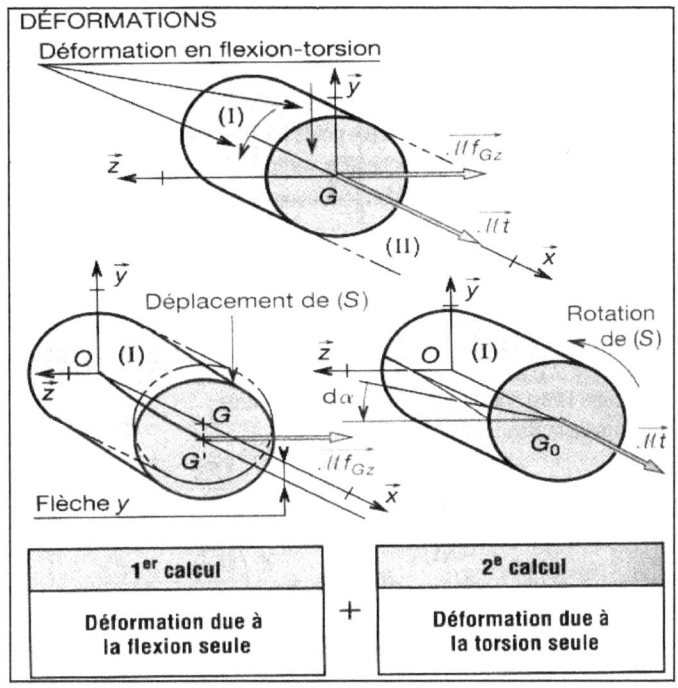

Figure 7.2

II. Traction_torsion

2-1 Définition

Un solide est soumis à une sollicitation de traction-torsion si le torseur associé aux efforts de cohésion peut se réduire en G, barycentre de la section droite S, à un moment de torsion et à un effort normal (figure7.3).

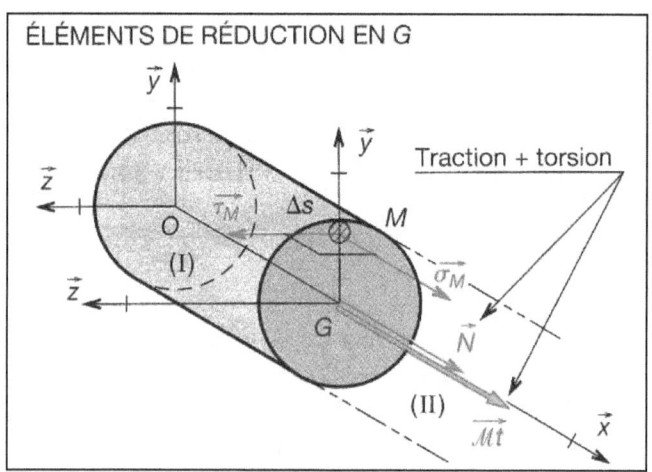

Figure 7.3

$$\{\tau_{coh}\}_G = \left\{ \begin{matrix} \vec{N} \\ \vec{M}_t \end{matrix} \right\}_G = \left\{ \begin{matrix} N & M_t \\ 0 & 0 \\ 0 & 0 \end{matrix} \right\}_G$$

2-2 Calcul des contraintes

Toute fibre supporte deux contraintes de nature différente, une contrainte normale et une contrainte tangentielle. On définit la contrainte idéale σ_i telle que :

$$\sigma_i \leq \sqrt{\sigma^2 + 4\tau^2} \text{ , Avec } \sigma = \frac{N}{S} \text{ et } \tau = \frac{M_t}{I_G} R$$

2-3 Condition de résistance

La condition de résistance pour ce type de sollicitation s'écrit $\sqrt{\sigma^2 + 4\tau^2} \leq R_{pe}$

Remarque : Ce calcul est aussi valable pour une sollicitation de traction –cisaillement. Dans ce cas $\tau = \dfrac{T}{S}$.

82

Chapitre 8

LE FLAMBEMENT

I. Etude du flambement théorie d'EULER

Considérons une poutre de longueur importante l et rectiligne soumise en A et B à deux glisseurs (Liaisons pivots d'axes $(A, \vec{z})$ et $(B, \vec{z})$), directement opposés, qui augmentent progressivement (figure 8.1).

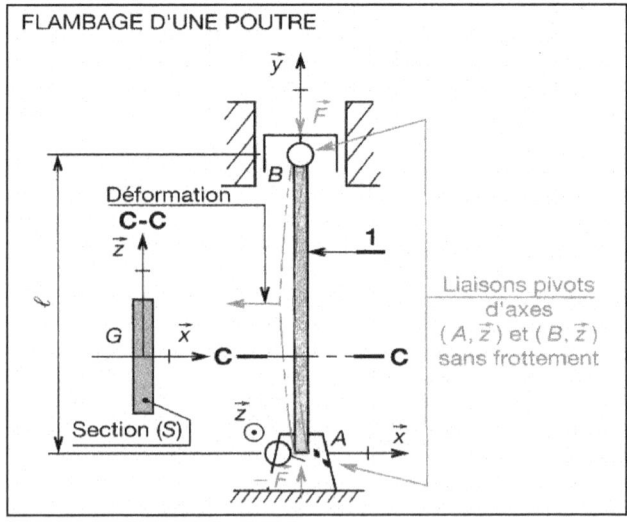

Figure 8.1

On remarque que si :

> ➤ Si F< F_c : La poutre reste sensiblement rectiligne, elle se : raccourcit et peut être calculée en compression.

> ➤ Si F= F_c : la poutre fléchit et prend une position d'équilibre élastique.

> ➤ Si F> F_c : La poutre fléchit brusquement jusqu'à la rupture (instabilité). C'est du flambage.

F_c est la charge critique d'Euler.

La flexion se produit selon la direction perpendiculaire à l'axe de la section (S) qui donne le moment quadratique le plus faible.

II. Elancement

La compression est remplacée par du flambage si la poutre est longue et ses dimensions transversales sont faibles. Cette proportion est caractérisée par: $\lambda = \dfrac{L}{\rho}$

λ : Élancement d'une poutre (sans unité)

L: Longueur libre de flambage. [mm]

ρ : Rayon de giration de la section [mm] définit par:

$$\rho = \sqrt{\frac{I_{GZ}}{S}}$$

I$_{GZ}$: moment quadratique minimal de la section suivant l'axe principale perpendiculaire à la déformation [mm^4]

III. Charge critique

En cas de flambage, la charge critique d'Euler F$_c$ est :

$$F_C = \frac{\pi^2 E I_{GZ}}{L^2}$$

E : Module d'Young du matériau [MPa].

I$_{GZ}$: Moment quadratique de la section [mm^4].

L: Longueur libre de flambage de la poutre [mm].

REMARQUE:

l est la longueur de la poutre, la longueur libre de flambage L, est fonction du type d'appui. Elle est donnée par le tableau 8.1.

LONGUEURS LIBRES DE FLAMBAGE	
Types de liaisons	**Valeurs de L**
① En *A* et *B* : liaisons pivots.	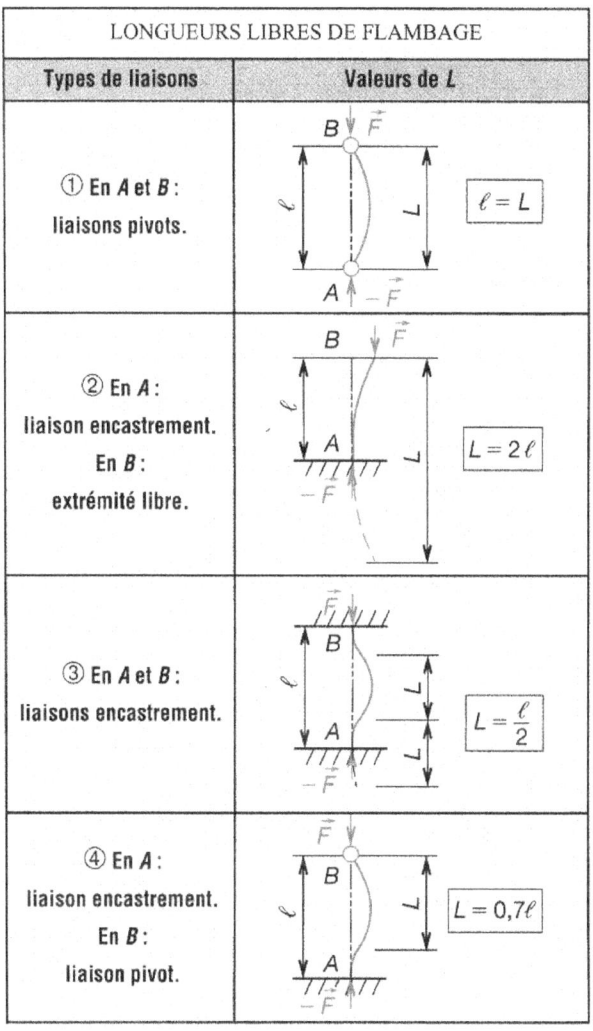 $\ell = L$
② En *A* : liaison encastrement. En *B* : extrémité libre.	$L = 2\ell$
③ En *A* et *B* : liaisons encastrement.	$L = \dfrac{\ell}{2}$
④ En *A* : liaison encastrement. En *B* : liaison pivot.	$L = 0,7\ell$

Tableau8.1

IV. Contrainte critique

En écrivant que $\lambda^2 = \dfrac{L^2}{\rho^2} = \dfrac{L^2}{\dfrac{I_{GZ}}{S}} = \dfrac{L^2 S}{I_{GZ}}$

En reportant cette valeur dans l'expression de F_c :

$$F_C = \dfrac{\pi^2 ES}{\lambda^2}$$

La valeur de la contrainte critique σ_C [MPa] est :

$$\sigma_C = \dfrac{F_C}{S} \Rightarrow \sigma_C = \dfrac{\pi^2 E}{\lambda^2}$$

V. Condition de résistance

En Posant $\sigma_C = R_e$ ou $\dfrac{\pi^2 E}{\lambda^2} = R_e$ on définit $\lambda_C^2 = \dfrac{\pi^2 E}{R_e}$

λ_C : Élancement critique (grandeur sans dimension ne dépend que de la nature du matériau).

E: Module d'élasticité longitudinal [MPa].

R_e: Résistance élastique du matériau [MPa].

5-1 coefficient de sécurité

Le coefficient de sécurité K, spécifique au flambage, est le double du coefficient de sécurité habituel s.

$$K = 2s \text{ et } s = \frac{R_{ec}}{R_{pc}}$$

R_{ec}: résistance élastique à la compression [MPa].

R_{pc} : résistance pratique à la compression [MPa].

5-2 Condition de résistance

- La charge critique d'Euler F_c ne doit jamais être atteinte.

- F_{adm} : charge admissible sur la poutre.

$$K = \frac{F_C}{F_{adm}} \Rightarrow F_{adm} = \frac{R_{pc}}{2R_e} F_C$$

En remplaçant F_c et λ_C^2 par leurs valeurs, on trouve:

$$F_{adm} = \frac{R_{pc}S}{2\left[\dfrac{\lambda}{\lambda_C}\right]^2}$$

F_adm : force admissible d'après Euler [N].

R_pc : résistance pratique à la compression [MPa].

S : aire de la section droite [mm^2].

λ : Élancement de la poutre (sans dimension).

λ_C : Élancement critique de la poutre (sans dimension).

▪ $\lambda_C \approx 100$	poutres en acier (profilés)
▪ $\lambda_C \approx 70$	poutres en bois ou en aluminium
▪ $\lambda_C = 60$	poutres en fonte

Selon la valeur de λ, la charge limite F est donnée par l'une des trois relations (poutres, acier).

Poutres courtes $\lambda < 20$	Poutres moyennes $20 < \lambda < 100$	Poutres élancées $\lambda > 100$
Compression simple :	Formule expérimentale de Rankine :	Formule d'Euler :
$F_{adm} = R_{pc} \cdot S$	$F_{adm} = \dfrac{R_{pc} \cdot S}{1 + \left(\dfrac{\lambda}{\lambda_c}\right)^2}$	$F_{adm} = \dfrac{R_{pc} \cdot S}{2\left(\dfrac{\lambda}{\lambda_c}\right)^2}$

90

PARTIE II :

TRAVAUX

DIRIGES

TD1 RESISTANCE DES MATERIAUX

EXERCICE 1

Le dispositif ci-contre est constitué d'un volant monté sur un arbre objet de notre étude. Cet arbre reçoit au point **A** un couple moteur

$$\left\| \overrightarrow{C_m} \right\| = 475\,\text{Nm}$$

développé par un motoréducteur et au point **C** un

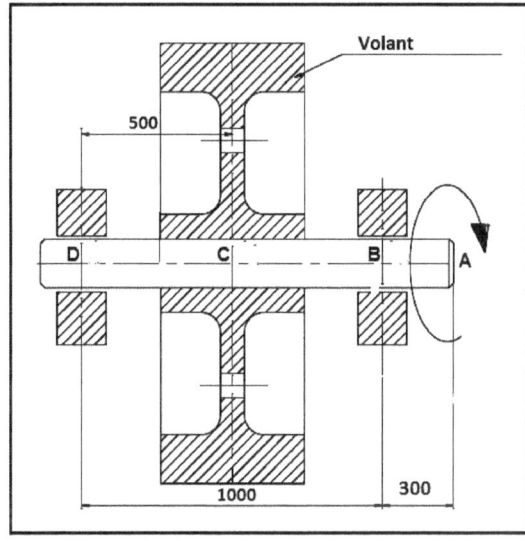

Figure 1

couple résistant $\left\| \overrightarrow{C_r} \right\| = \left\| \overrightarrow{C_m} \right\|$ appliqué par le volant.

Hypothèses et données :

- Le poids du volant est considéré comme une charge ponctuelle agissant verticalement au point **C** et ayant pour valeur $\left\|\overrightarrow{P}\right\| = \textbf{3000 N}$.

- Les paliers aux points **B** et **D** sont considérés comme des appuis simples dont les réactions sont verticales et ayants pour valeurs $\left\|\overrightarrow{R_B}\right\| = \left\|\overrightarrow{R_D}\right\| = \dfrac{\left\|\overrightarrow{P}\right\|}{2}$.

- Le poids propre de l'arbre est supposée négligeable.

- L'arbre est en acier tel que $\textbf{R}_{\textbf{pe}}$= 150 Mpa et $\textbf{R}_{\textbf{pg}}$= 75 Mpa.

- Unités : les efforts en Newtons [N], les moments en [N.m] et les longueurs en [mm].

Travail demandé :

1- Donner une modélisation du mécanisme proposé (schéma, chargement et repère).

2- Déterminer le torseur de cohésion le long de l'arbre [**DA**].

3- Tracer les diagrammes correspondants.

93

4- Déterminer le type de sollicitation de cet arbre et préciser la position de la section la plus sollicitée.

5- Calculer le moment idéal de torsion au niveau de la section la plus sollicitée.

6- En déduire le diamètre minimal de l'arbre qui lui permet de résister aux charges appliquées.

EXERCICE 2

On se propose dans cet exercice de faire un calcul de vérification de la résistance d'une planche de plongeoir représentée dans la figure2.

Figure 2

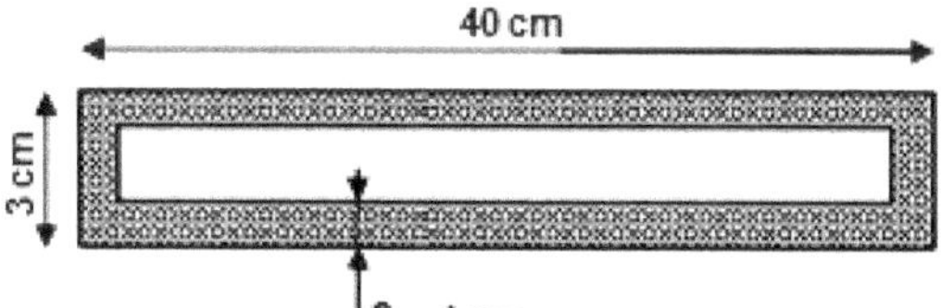

Cette planche est modélisée par une poutre de section rectangulaire creuse (figure 3), de longueur L = **1,7m** et de poids négligeable qui repose

Figure 3

sur deux appuis simples en **B** et **C** et qui est soumise en **D** au poids $\vec{P}$ du plongeur (figure 4). Le contact au niveau de l'appui simple au point **B** est considéré constamment maintenu (par un boulonnage adapté).

Compte tenu de l'effet dynamique du plongeon, le poids maximal du plongeur, est tel que $\left\|\vec{P}\right\| = \mathbf{10000N}$. Le matériau de la planche possède les caractéristiques mécaniques suivantes : $\mathbf{R_e}$ = 200 Mpa et **E** = 21000 Mpa.

Les actions mécaniques extérieures exercées sur la planche sont modélisées par les torseurs suivants :

$$_B\left\{\tau_{(sol/planche)}\right\}_R = \left.\begin{Bmatrix} \mathbf{X_B} & \mathbf{0} \\ \mathbf{Y_B} & \mathbf{0} \\ \mathbf{0} & \mathbf{0} \end{Bmatrix}\right._{B\,(\vec{x},\vec{y},\vec{z})} \quad ; \quad _C\left\{\tau_{(sol/planche)}\right\}_R = \left.\begin{Bmatrix} \mathbf{0} & \mathbf{0} \\ \mathbf{Y_C} & \mathbf{0} \\ \mathbf{0} & \mathbf{0} \end{Bmatrix}\right._{C\,(\vec{x},\vec{y},\vec{z})}$$

$$; \quad _D\left\{\tau_{(plongeur/planche)}\right\}_R = \left.\begin{Bmatrix} \mathbf{0} & \mathbf{0} \\ -\|\vec{P}\| & \mathbf{0} \\ \mathbf{0} & \mathbf{0} \end{Bmatrix}\right._{D\,(\vec{x},\vec{y},\vec{z})}$$

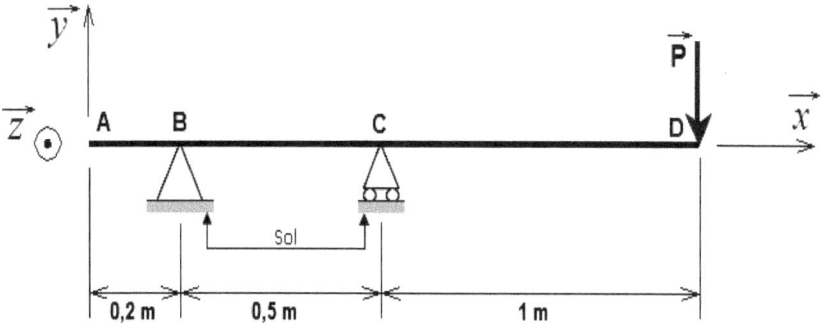

Figure 4

Travail demandé :

1- En appliquant le **PFS** à cette poutre au point **B**, déterminer les actions mécaniques extérieures qui lui sont appliquées aux appuis **B** et **C**.

2- Déterminer le torseur de cohésion le long de la poutre [**AD**] et déduire le type de sollicitation dont elle est soumise.

3- Tracer les diagrammes correspondants et déterminer la position de la section la plus sollicitée.

4- En adoptant un coefficient de sécurité **s**= 2, vérifier la résistance de cette planche.

5- Tracer l'allure approximative de la déformée de la planche sous l'application de $\vec{P}$.

96

6- Une étude expérimentale a permis de déterminer au point **C** un angle d'inclinaison de la planche par rapport à sa position initiale à l'horizontal de −4°. Calculer alors la flèche maximale de la planche au point **D**.

TD2 RESISTANCE DES MATERIAUX

EXERCICE 1

La figure ci-dessous représente la modélisation de l'arbre porte-mandrin d'une tête d'usinage multibroche. Cet arbre reçoit un mandrin porte-outil **(4)** (non représenté) à son extrémité en *A*, à son autre extrémité en *O*, un pignon arbré de rayon primitif *R=12mm* reçoit la puissance mécanique d'un autre pignon **(2)** (non représenté). L'arbre **(1)** est guidé en rotation dans un carter repéré **(0)** par l'intermédiaire de deux roulements à billes placés en *B* et *C*.

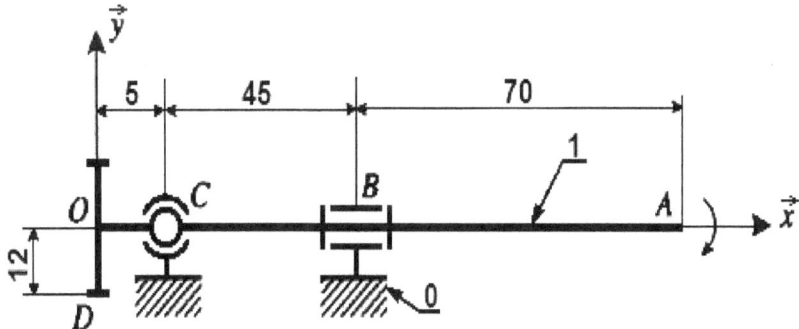

Une étude préliminaire de statique a permis de déterminer les torseurs des actions mécaniques extérieures appliquées à l'arbre **(1)**. Ces torseurs sont donnés ci après.

Unités : Les efforts en Newtons **[N]**, les longueurs en **[mm]** et les moments en **[N.mm]**

- Action du mandrin **(4)** en **A** :

$$_A\{\tau_{4/1}\}= \left\{ \begin{matrix} -625 & -2400 \\ 0 & 0 \\ 0 & 0 \end{matrix} \right\}_{A \ (O,\vec{X},\vec{Y},\vec{Z})}$$

- Action du mandrin **(2)** en **D** :

$$_D\{\tau_{2/1}\}= \left\{ \begin{matrix} 0 & 0 \\ 65 & 0 \\ -200 & 0 \end{matrix} \right\}_{D \ (O,\vec{X},\vec{Y},\vec{Z})}$$

- Action du carter **(0)** en **B** :

$$_B\{\tau_{0/1}\}= \left\{ \begin{matrix} 625 & 0 \\ 20 & -575 \\ -40 & -800 \end{matrix} \right\}_{B \ (O,\vec{X},\vec{Y},\vec{Z})}$$

- Action du carter **(0)** en **C** :

$$_C\{\tau_{0/1}\}= \left\{ \begin{matrix} \boldsymbol{0} & \boldsymbol{0} \\ \boldsymbol{-85} & \boldsymbol{0} \\ \boldsymbol{240} & \boldsymbol{0} \end{matrix} \right\}_{(O,\vec{X},\vec{Y},\vec{Z})}^{C}$$

Travail demandé :

1. Déterminer en fonction de l'abscisse *x*, les variations des composantes du torseur de cohésion le long de l'arbre de transmission **(1)** entre *O* et *A*.

2. Tracer les diagrammes correspondants.

EXERCICE2:

On se propose de calculer la contrainte de traction dans les vis de fixation de l'attache lors du remorquage d'un véhicule. Les vis ayant un filetage à filet triangulaire métrique

Hypothèse :

Les contraintes dûes à l'effort de traction lors du remorquage sont les seules à être considérées dans cet exercice.

Lors de variations brusques de vitesses la remorque exerce un effort de traction maximum de **3150 daN** sur l'attache.

100

Cet effort se réparti à égalité sur les <u>deux vis</u> de fixation repère **4**.

<u>Questions :</u>

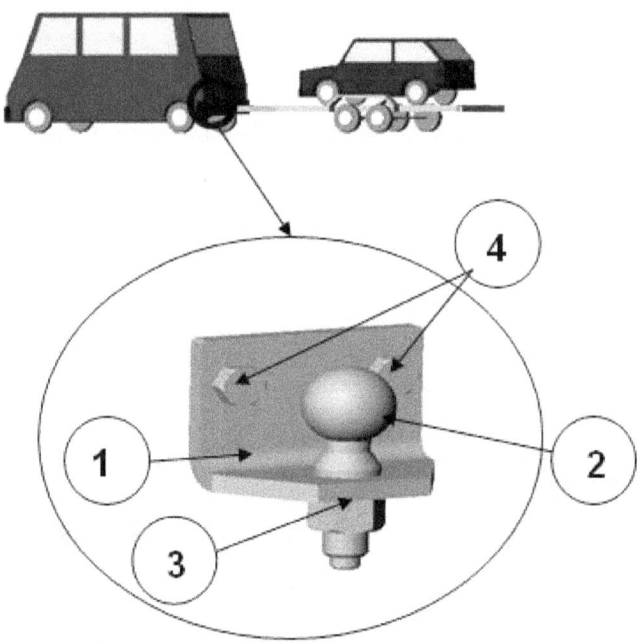

1. Calculer la valeur de la force de traction appliquée à chaque vis.

2. Déterminer le diamètre minimal résistant à la traction.(diamètre de fond de filet)

3. En déduire le diamètre de la vis.

Données : Matière des vis : 42 Cr Mo 4 **, Re** = 700Mpa ;

Pas de filetage p= 1,5mm; Coefficient de sécurité : k = 8

Filetage à filet triangulaire (métrique - Norme NF E 03-001)

h_3 : profondeur du filet de la vis

H_1 : profondeur du filet de l'écrou

D,d : diamètre nominal

d_3 : diamètre du noyau de la vis

D_1 : diamètre du fond de filet de l'écrou

d_1 : diamètre de l'alésage de l'écrou

r max :rayon à fond de filet de la vis

r_1 max : rayon à fond de filet de l'écrou

D_2 : diamètre à flancs de filet

D_2 : diamètre à flancs de filet

P : pas

H : hauteur du triangle primitif

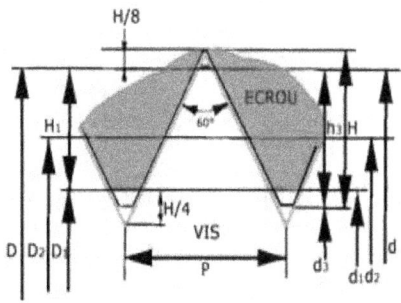

$$H = 0.866\,P$$

$$D_2 = d_2 = d - \frac{3}{4}\,H$$

$$D_1 = d_1 = d_2 - 2 \cdot \left(\frac{H}{2} - \frac{H}{4}\right),$$

$$D_1 = d - 1.0825\,P$$

$$d_3 = d_2 - 2 \cdot \left(\frac{H}{2} - \frac{H}{6}\right),$$

$$d_3 = d - 1.2268\,P$$

$$H_1 = \frac{D - D_1}{2} = 0.542\,P,$$

$$h_3 = \frac{d - d_3}{2} = 0.6134\,P$$

102

TD3 RESISTANCE DES MATERIAUX

Exercice 1 :

La figure 1 représente un arbre de transmission (**1**) guidé en rotation par rapport au bâti (**0**) par deux roulements modélisés respectivement aux points **A** et **B** par une liaison rotule et une liaison linéaire annulaire.

L'accouplement élastique (**2**) en **O** est soumis à un couple moteur $\overrightarrow{C_m}$, la poulie (**3**) est soumise à un couple résistant $\overrightarrow{C_r}$ et à la résultante des tensions de la courroie notée $\overrightarrow{F}$ au point **C**.

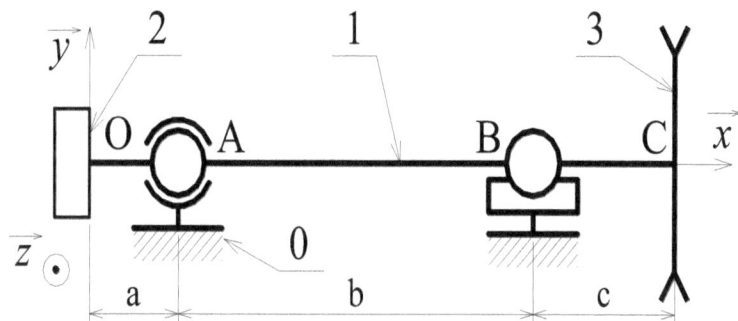

Figure 1- *Modélisation de l'arbre de transmission*

> R $(O, \vec{x}, \vec{y}, \vec{z})$ est un repère orthonormé direct ;

> *a = 50mm, b = 200mm, c = 80mm,*
> $$\left\|\vec{F}\right\| = 1000N \text{ et } \left\|\overrightarrow{C_m}\right\| = 50N.m$$

Hypothèses :

Dans cette étude on considère les hypothèses suivantes :

- Le poids des pièces est négligé ;
- Toutes les liaisons sont parfaites ;
- Unités : Les efforts en Newtons [**N**], les moments en [**N.m**] et les longueurs en [**mm**].

Données :

- L'action mécanique exercée par l'accouplement (**2**) sur l'arbre de transmission (**1**) est modélisée au point **O** par le torseur suivant :

104

$$\left\{\tau_{(2\to1)}\right\} = {}_O\left\{\begin{matrix}\vec{0} \\ \overrightarrow{C_m}\end{matrix}\right\}_{(\vec{x},\vec{y},\vec{z})} = {}_O\left\{\begin{matrix}0 & \left\|\overrightarrow{C_m}\right\| \\ 0 & 0 \\ 0 & 0\end{matrix}\right\}_{(\vec{x},\vec{y},\vec{z})} = {}_O\left\{\begin{matrix}0 & 50 \\ 0 & 0 \\ 0 & 0\end{matrix}\right\}_{(\vec{x},\vec{y},\vec{z})}$$

- L'action mécanique exercée par la poulie (**3**) sur l'arbre de transmission (**1**) est modélisée au point **C** par le torseur suivant :

$$\left\{\tau_{(3\to1)}\right\} = {}_C\left\{\begin{matrix}\vec{F} \\ \overrightarrow{C_r}\end{matrix}\right\}_{(\vec{x},\vec{y},\vec{z})} = {}_C\left\{\begin{matrix}0 & -\left\|\overrightarrow{C_r}\right\| \\ -\left\|\vec{F}\right\| & 0 \\ 0 & 0\end{matrix}\right\}_{(\vec{x},\vec{y},\vec{z})} = {}_C\left\{\begin{matrix}0 & -50 \\ -1000 & 0 \\ 0 & 0\end{matrix}\right\}_{(\vec{x},\vec{y},\vec{z})}$$

Une étude préliminaire de statique a permis de déterminer les composantes ***non nulles*** du torseur des actions de liaison exercées par le bâti (**0**) sur l'arbre de transmission (**1**) en **A** et **B**.

- Le torseur associé à la liaison rotule (**0-1**) de centre **A** s'écrit :

$$\left\{\tau_{A(0\to1)}\right\} = {}_A\left\{\begin{matrix}0 & 0 \\ Y_A & 0 \\ 0 & 0\end{matrix}\right\}_{(\vec{x},\vec{y},\vec{z})} = {}_A\left\{\begin{matrix}0 & 0 \\ -400 & 0 \\ 0 & 0\end{matrix}\right\}_{(\vec{x},\vec{y},\vec{z})}$$

- Le torseur associé à la liaison linéaire annulaire

  (0-1) de centre **B**, et d'axe $(B, \vec{x})$ s'écrit :

$$\left\{\tau_{B(2 \to 1)}\right\} = \left.\left\{\begin{array}{cc} 0 & 0 \\ Y_B & 0 \\ 0 & 0 \end{array}\right\}\right|_{B \ (\vec{x}, \vec{y}, \vec{z})} = \left.\left\{\begin{array}{cc} 0 & 0 \\ 1400 & 0 \\ 0 & 0 \end{array}\right\}\right|_{B \ (\vec{x}, \vec{y}, \vec{z})}$$

Travail Demandé :

1. Déterminer en fonction de l'abscisse x, les variations des composantes des torseurs de cohésion le long de l'arbre de transmission (**1**).

2. Déduire les sollicitations de cet arbre.

3. Tracer les diagrammes correspondants, puis déduire la valeur de $\left|T_y\right|_{Max}$, $\left|Mf_z\right|_{Max}$ et $\left|Mt\right|_{Max}$ ainsi que la position de la section la plus sollicitée.

4. Calculer le diamètre minimal de l'arbre de transmission (**1**) « d_{min} », sachant qu'il est en

acier de résistance $\sigma_e = 260\,MPa$ et

$\tau_e = 130\,MPa$.

Le coefficient de sécurité adopté est **s=2,6**.

Exercice 2 :

Un arbre AB de section circulaire est encastré en A sur un bâti (0) et supporte au point B un effort $\overrightarrow{F}$

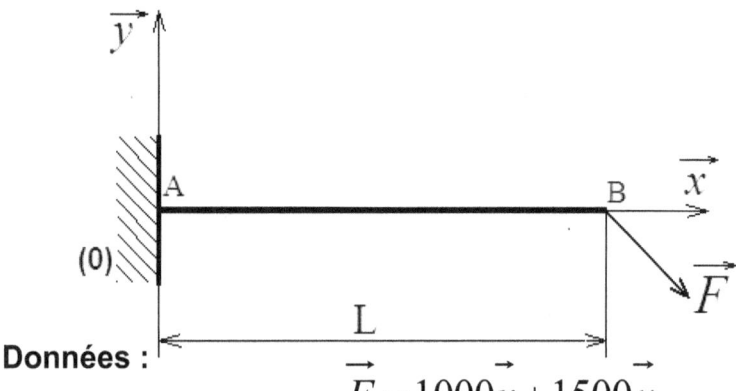

Données :

- L'effort en **B** est : $\overrightarrow{F} = 1000\overrightarrow{x} + 1500\overrightarrow{y}$
- L'action du bâti (0) en A est donnée par le torseur suivant :

$$\{\tau_{(0\to1)}\} = \begin{Bmatrix} X_A & 0 \\ Y_A & 0 \\ 0 & N_A \end{Bmatrix}_{A\ (\overrightarrow{x},\overrightarrow{y},\overrightarrow{z})} = \begin{Bmatrix} -1000 & 0 \\ -1500 & 0 \\ 0 & -750 \end{Bmatrix}_{A\ (\overrightarrow{x},\overrightarrow{y},\overrightarrow{z})}$$

- La longueur de cet arbre est **L** = 500 mm et le diamètre est : **d**=30 mm.
- Résistance pratique de cet arbre : R_{pe} = 150 Mpa et R_{pg} = 75 Mpa.

Hypothèses :

- Le poids de cet arbre est négligé.
- Unités : Les efforts en Newtons [**N**], les moments en [**N.m**] et les longueurs en [**mm**].

Travail demandé :

1- Déterminer en fonction de l'abscisse x les variations des composantes du torseur de cohésion le long de l'arbre **AB**.
2- Tracer les diagrammes correspondants.
3- Vérifier la résistance de cet arbre.

TD4 RESISTANCE DES MATERIAUX

Exercice 1 :

Une plaque plane d'épaisseur **e = 5mm** et de largeur **H = 50mm** est percée d'un trou de diamètre **d = 20mm** sur son axe de symétrie longitudinal. Elle supporte une charge de traction $\left\|\vec{F}\right\| = \textbf{1500N}$. Le module d'élasticité de cette plaque est **E = 210 000 MPa**.

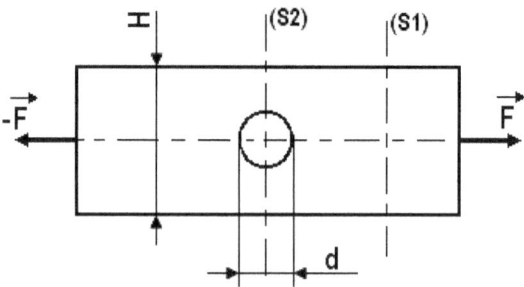

Figure 1

1- Calculer la contrainte dans la section **S1**.
2- Déterminer, en se référant à l'abaque suivant, le coefficient de concentration de contrainte au

109

niveau de la section **S2**. Calculer la contrainte supportée par cette section.

Exercice 2 :

Un arbre plein, de diamètre **d** et de longueur **2m**, relie un moteur à un récepteur par l'intermédiaire de deux accouplements (fig.2).

La puissance transmise par l'arbre est de **20 Kw** à **1500 tr/min**. La résistance pratique au glissement du matériau de l'arbre est $\tau_{pg} = $ **Rpg = 90 MPa** et son module d'élasticité transversal est **G = 80 000 Mpa**.

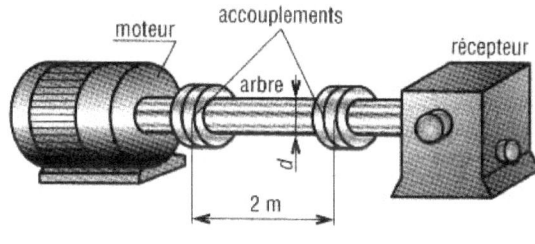

Figure 2

1- Déterminer le diamètre nécessaire de l'arbre.
2- On impose un angle de torsion de **0,2°** entre les deux extrémités de l'arbre. Calculer le diamètre minimal de l'arbre dans ce cas.

110

Exercice 3 :

Une barre en acier de résistance élastique **Re=350MPa**, de poids négligeable et de section rectangulaire est encastrée au point **A** (*figure 3*) et supporte une charge $\vec{F}$ concentrée au point **B**.

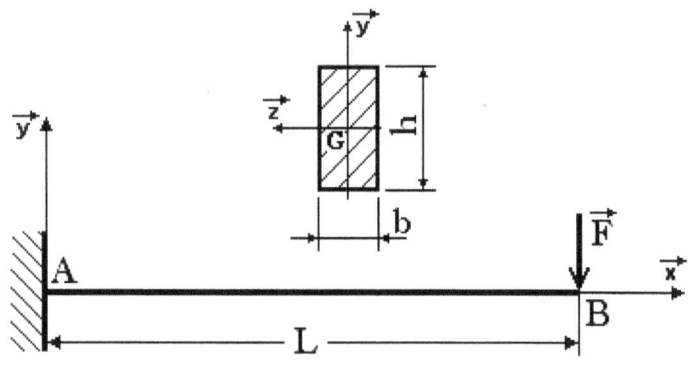

Figure 3

On donne :

- **L = 500 mm**
- **b = 10 mm**
- **h = 20 mm**
- $\vec{F} = F.\vec{X}$ avec **F = 100 N**
- $I_{G,\vec{z}} = \dfrac{bh^3}{12}$

Travail demandé :

1- Ecrire les torseurs au point **A** et **B**, appliquer le principe fondamental de la statique en **A** et déterminer les inconnues statiques de l'encastrement.

2- Etudier dans la base $(\vec{X}, \vec{Y}, \vec{Z})$ et en fonction de l'abscisse **x**, les variations des composantes du torseur de cohésion le long de la barre (**1**).

3- Tracer les diagrammes correspondants.

4- Vérifier que cette barre résiste en toute sécurité aux efforts appliqués. Le coefficient de sécurité adopté est **s** = **4.**

Tableau : Abaque de détermination du coefficient de concentration de contraintes

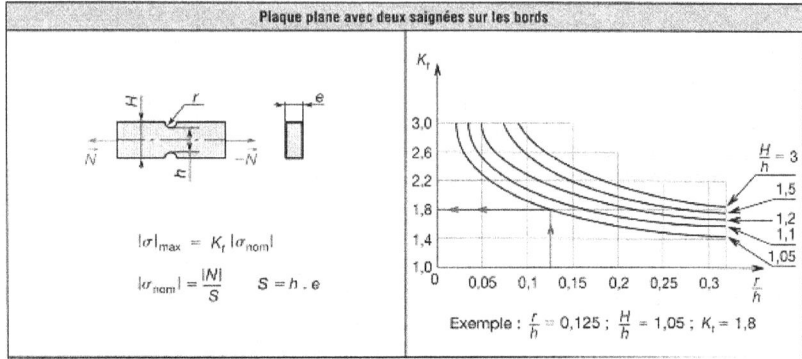

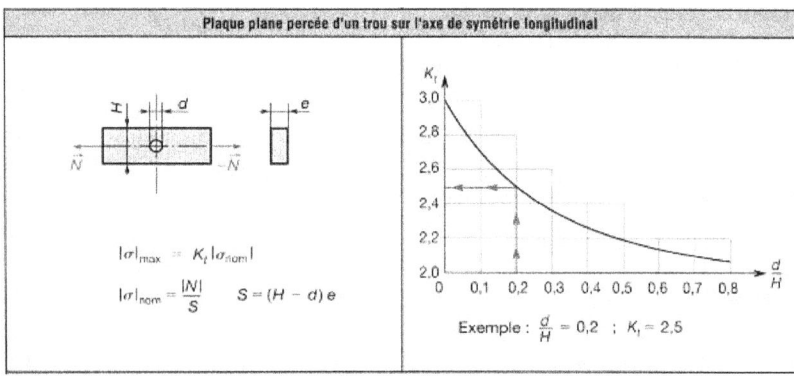

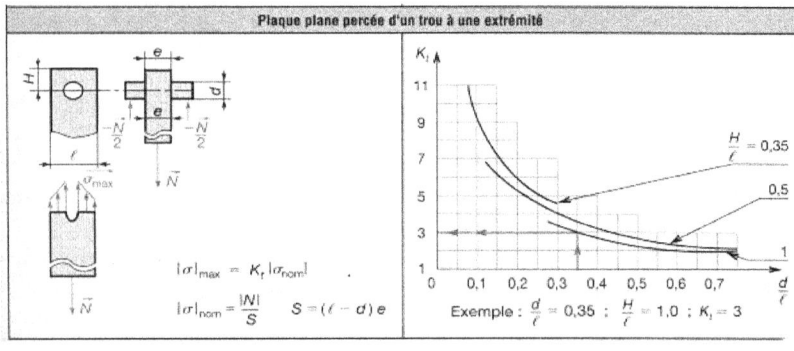

TD5 RESISTANCE DES MATERIAUX

Exercice 1 :

La figure 1 présente une treuille manuelle. La rotation de la manivelle (**7**) entraîne en rotation le tambour (**4**) ce qui provoque la monté ou la descente du seau par l'intermédiaire du câble (**5**) et du crochet (**3**).

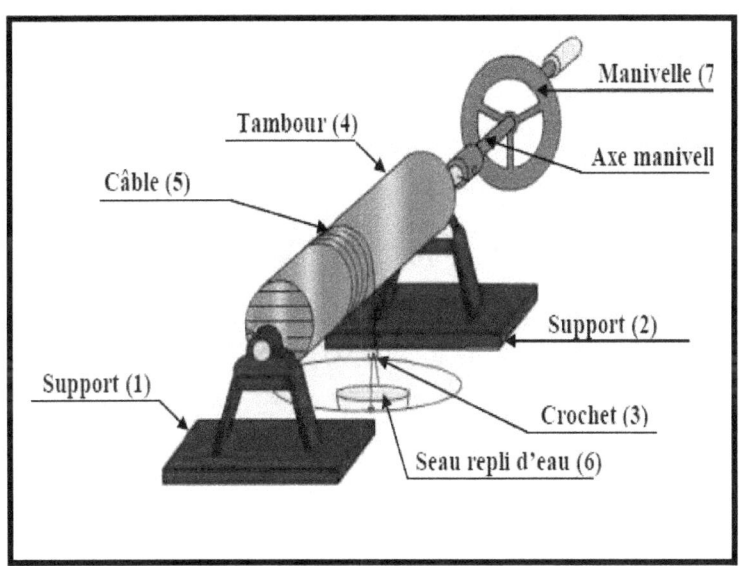

Câble (5)
Tambour (4)
Manivelle (7
Axe manivell
Support (2)
Support (1)
Crochet (3)
Seau repli d'eau (6)

Figure1 : *treuille manuelle*

114

NB : l'étude de ce mécanisme comporte quatre parties qui peuvent être traitées de manière indépendantes.

PARTIE I

On se propose de dimensionner le tambour (4), pour cela on le modélise à une poutre cylindrique de diamètre **d** guidé en rotation dans les paliers **1** et **2** au point **A** et **B** est soumise au point **C** au poids du seau d'eau tel que $\|\vec{P}\| = 2000N$. (voir figure ci dessous).

Le repère $\Re = (A, \vec{X}, \vec{Y}, \vec{Z})$ est tel que *(A, $\vec{X}$)* est porté par la ligne moyenne du tambour.

Le tambour est en acier ayant : R_e = 240 MPa, E= 2 10^5 MPa, G= 8 10^4 MPa.

On adopte un coefficient de sécurité s= 3.

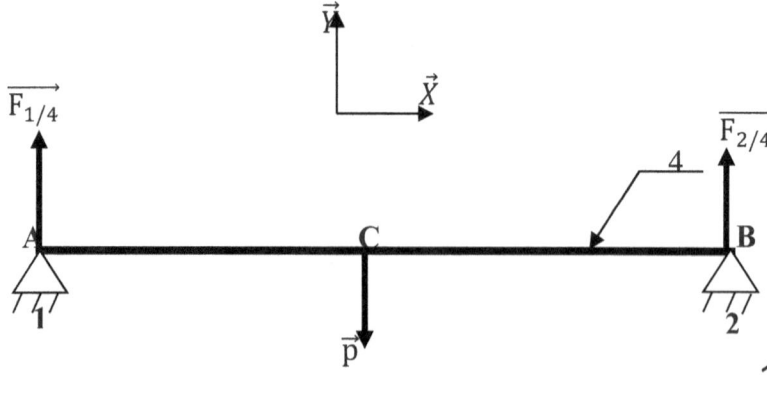

115

1. Déterminer les torseurs des actions de liaison en A et B.

2. Définir le torseur de cohésion le long de la poutre. En déduire le type de sollicitation

3. Construire les diagrammes des composantes algébriques des éléments de réduction du torseur de cohésion. En déduire la section la plus sollicitée.

4. Déterminer le diamètre minimal du tambour.

5. On se propose d'évider le tambour, déterminer alors le diamètre extérieur D_e et le diamètre Di tels que Di = 0,5 D_e.

6. Déterminer le rapport λ de leur masse ($\lambda = \frac{\text{masse de tambour creux}}{\text{masse de tambour plein}}$.) Conclure.

PARTIE II

On se propose dans cette partie de dimensionner l'axe manivelle (8),

116

La figure ci-dessous présente la modélisation adoptée à l'axe (8) à une poutre cylindrique de diamètre D en acier 18 CD 4 ayant : $R_e = 880$ MPa, $R_{eg} = 680$ MPa .

On adopte pour cette construction un coefficient de sécurité s= 3.

Le repère $\mathscr{R} = (E, \vec{X}, \vec{Y}, \vec{Z})$ est tel que $(E, \vec{X})$ est porté par la ligne moyenne de l'axe.

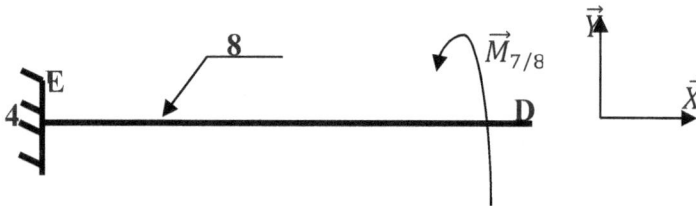

Sachant que : $\|\overrightarrow{M_{7/8}}\| = 20 Nm,$

1. Identifier le type de sollicitation soumise à l'axe manivelle. Justifier votre réponse.

2. Déterminer le diamètre minimal résistant de l'axe.

3. Le type de construction nécessite une déformation limite de l'axe de 0,5°/m. Déterminer le diamètre minimal de l'axe vérifiant cette condition.

4. Comparer les résultats trouvés ans les questions 2 et 3. Déduire le diamètre final de l'axe manivelle (8)

PARTIE III

On se propose dans cette partie de vérifier la résistance du crochet (3) pour une épaisseur choisie **e= 5mm**.

Les actions mécaniques appliquées sur le crochet sont représentés dans la figure suivante :

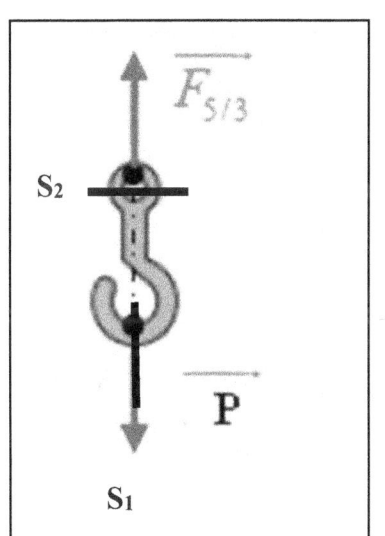

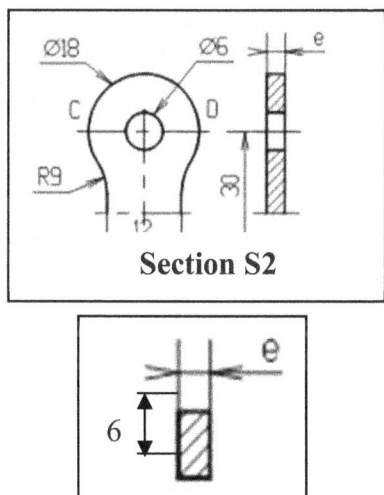

Section S2

Section S1

Figure 2 : *Représentation des actions mécaniques appliquées sur le crochet(3) et ses sections S1 et S2*

118

Sachant que le crochet est en acier dont la résistance élastique Re = 600MPa et supportant deux efforts opposés selon sa normale tel que: $\left\|\overrightarrow{F_{5/3}}\right\| = \left\|\vec{P}\right\| = 2000N$.

1. Calculer la contrainte au niveau de la section S1
2. Calculer la contrainte au niveau de la section S2.
3. Vérifier la résistance du crochet (3)

On adopte un coefficient de sécurité s = 4.

PARTIE IV

On se propose dans cette partie de dimensionner la goupille radiale (**9**) pour l'assemblage de l'axe manivelle (**8**) avec le moyeu du tambour (**4**). Voir figure 3

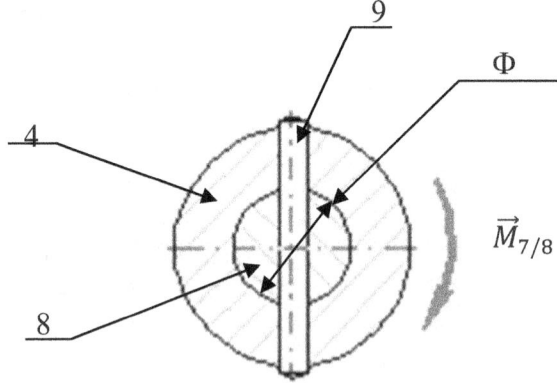

Figure 3 : _Assemblage de l'axe manivelle et le tambour_

119

On adopte pour cette construction un coefficient de sécurité s= 3 ;

La goupille est en acier ayant R_e = 250 MPa,

1. Calculer l'effort de cisaillement T_y.

2. Déterminer le diamètre minimal de la goupille

3. En déduire le diamètre normalisé

ANNEXES

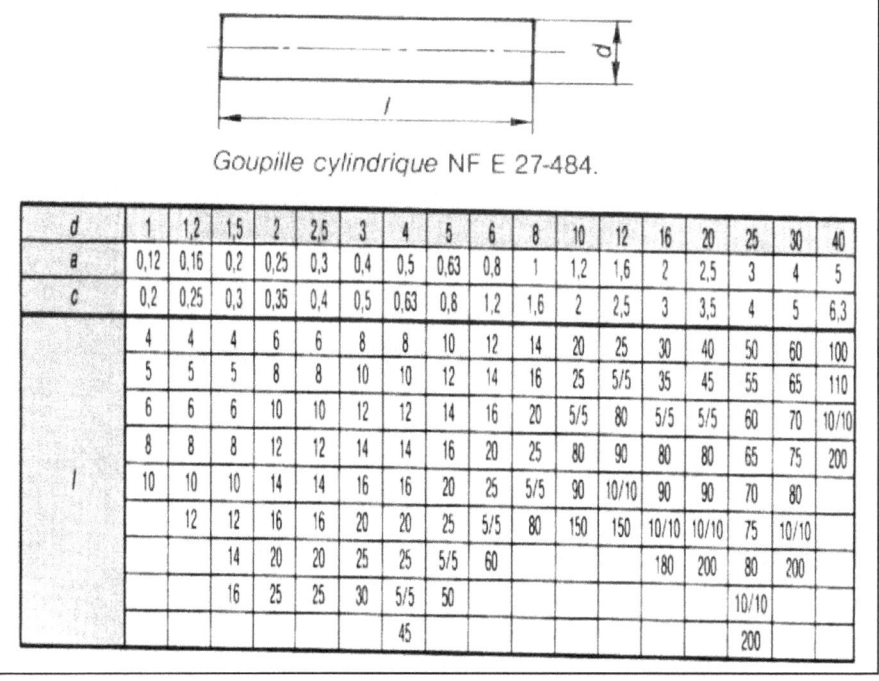

Goupille cylindrique NF E 27-484.

d	1	1,2	1,5	2	2,5	3	4	5	6	8	10	12	16	20	25	30	40
a	0,12	0,16	0,2	0,25	0,3	0,4	0,5	0,63	0,8	1	1,2	1,6	2	2,5	3	4	5
c	0,2	0,25	0,3	0,35	0,4	0,5	0,63	0,8	1,2	1,6	2	2,5	3	3,5	4	5	6,3
l	4	4	4	6	6	8	8	10	12	14	20	25	30	40	50	60	100
	5	5	5	8	8	10	10	12	14	16	25	5/5	35	45	55	65	110
	6	6	6	10	10	12	12	14	16	20	5/5	80	5/5	5/5	60	70	10/10
	8	8	8	12	12	14	14	16	20	25	80	90	80	80	65	75	200
	10	10	10	14	14	16	16	20	25	5/5	90	10/10	90	90	70	80	
		12	12	16	16	20	20	25	5/5	80	150	150	10/10	10/10	75	10/10	
			14	20	20	25	25	5/5	60				180	200	80	200	
			16	25	25	30	5/5	50							10/10		
						45									200		

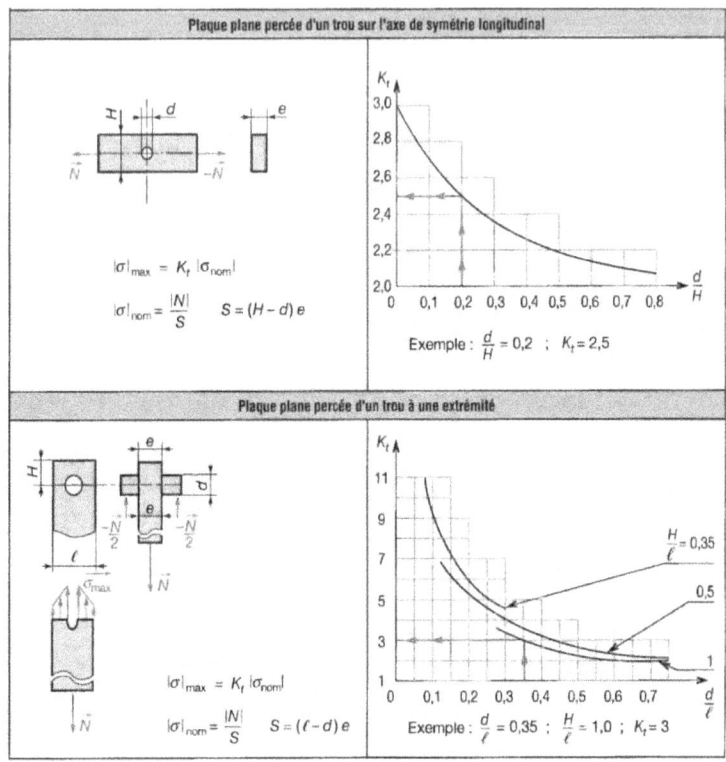

Plaque plane percée d'un trou sur l'axe de symétrie longitudinal

$$|\sigma|_{max} = K_t \, |\sigma_{nom}|$$

$$|\sigma|_{nom} = \frac{|N|}{S} \qquad S = (H - d)\, e$$

K_t

Exemple : $\dfrac{d}{H} = 0,2$; $K_t = 2,5$

Plaque plane percée d'un trou à une extrémité

$$|\sigma|_{max} = K_t \, |\sigma_{nom}|$$

$$|\sigma|_{nom} = \frac{|N|}{S} \qquad S = (\ell - d)\, e$$

K_t

$\dfrac{H}{\ell} = 0,35$

$0,5$

1

Exemple : $\dfrac{d}{\ell} = 0,35$; $\dfrac{H}{\ell} = 1,0$; $K_t = 3$

TD6 RESISTANCE DES MATERIAUX

Exercice 1

On se propose d'étudier un monorail transporteur (voir

figure **1**) sous l'effet d'une charge $\vec{P}$.

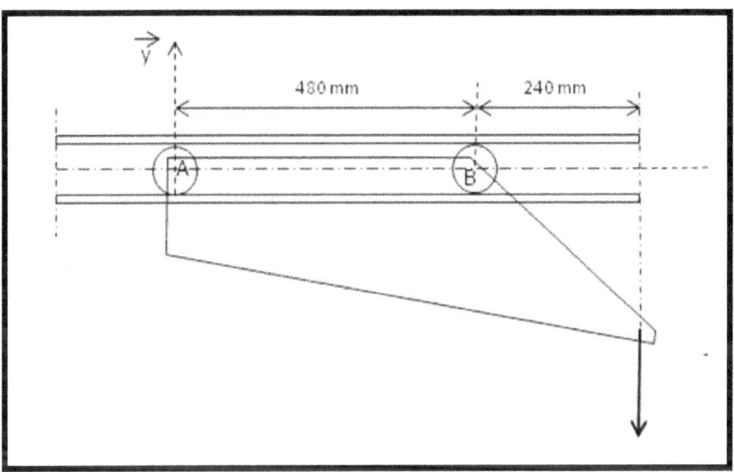

Figure 1 : monorail transporteur

Le support du monorail est modélisé par une poutre sur deux appuis simples comme le montre la figure **2**, et supportant une charge $\vec{P}$ au point C, avec $\left\|\vec{P}\right\| = 2000N$.

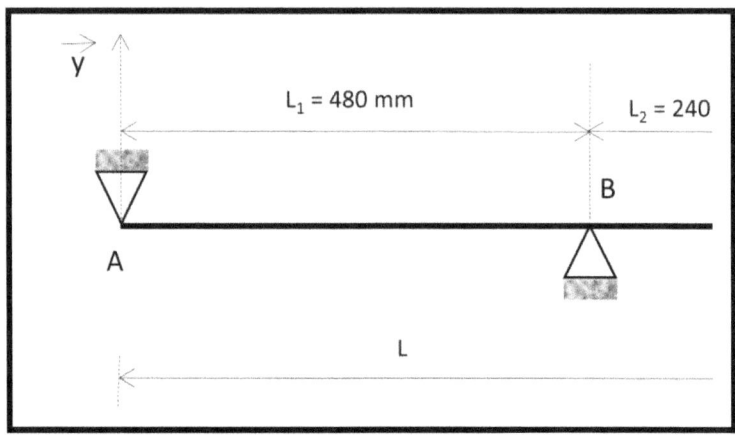

Figure 2 : modélisation du monorail transporteur

1/ Calculez les réactions d'appuis aux points A et B ($\vec{R}_A$ et $\vec{R}_B$).

2/ Déterminez le torseur de cohésion le long de cette poutre.

3/ Tracez les diagrammes des efforts internes le long de cette poutre.

4/ Déterminez l'abscisse correspondant aux sollicitations maximales.

Exercice 2

On se propose de dimensionner l'outil d'emboutissage, appelé poinçon 125 d'une presse mécanique utilisée lors de la réalisation de petites pièces d'emboutissage (lamelles de contacts électriques, caches et couvercles en tôle, etc. ...) au sein d' ateliers destinés à l'emploi des personnes handicapées.(voir figure **3**). Cet outil est encastré en haut au coulisseau de la presse. L'action mécanique exercée par la pièce emboutie sur le poinçon 125 au point **A** est modélisée par le torseur :

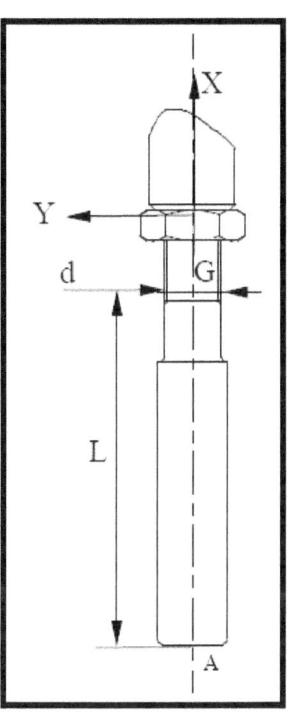

$$\{\tau_{piéce\to125}\} = \left\{ \begin{array}{c} \vec{R}_{piéce\to125} \\ \vec{M}_{A(piéce\to125)} \end{array} \right\}_{A=} \left\{ \begin{array}{cc} 3.10^4 & 0 \\ 0 & 0 \\ 0 & 0 \end{array} \right\}_A$$

$$= \left\{ \begin{array}{cc} 3.10^4 & 0 \\ 0 & 0 \\ 0 & 0 \end{array} \right\}_A$$

1/ Déterminez le torseur de cohésion relatif à cette poutre.

2/ En déduire la nature de la sollicitation à l'intérieur du poinçon **125**.

3/ Déterminer la section résistante minimale du filetage, sachant

que : **Re = 650 MPa** et que le coefficient de sécurité **s**

= 5.

4/ En déduire la valeur du diamètre nominal **d** du filetage.

<u>Données</u> : **S** section résistante d'un filetage. (Cette section tient compte de Kt)

d (mm)	M10	M12	M14	M16	M18	M20	M22
S (mm²)	58	84,3	115	157	192	245	303

TD7 RESISTANCE DES MATERIAUX

Soit une boite vitesse d'automobile au point mort. Le couple moteur s'exerce sur l'arbre d'entrée (3). Il est transmis à l'arbre intermédiaire (1) par le pignon (P_3) en prise avec (P_1).

PARTIE I

On se propose dans cette partie de dimensionner l'arbre intermédiaire (1) de sorte qu'il résistera aux différentes sollicitations soumises.(figure 2)

Pour cela on adopte les hypothèses suivantes :

- Les efforts de (4) et (6) sont négligés.

- Les poids propres des éléments sont négligés.

- Les liaisons sont sans frottement

- Les engrenages sont à dentures droites.

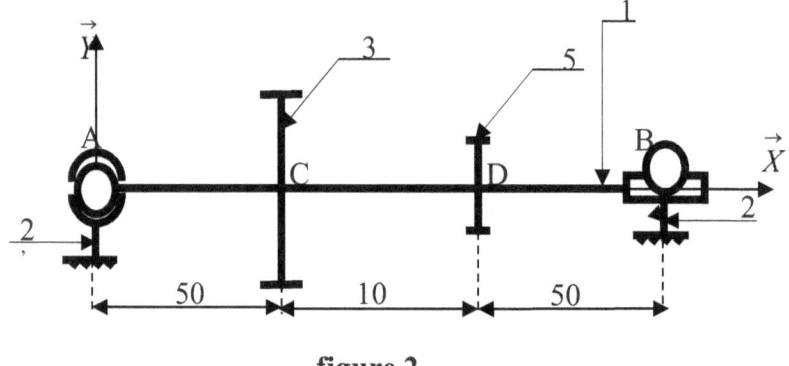

figure 2

- L'action mécanique de la roue (3) sur l'arbre (1) est modélisée en C par :

$$\{\mathfrak{I}_{3\to1}\}_C = \left\{\begin{array}{cc} 0 & 6.10^4 \\ -1000 & 0 \\ 0 & 0 \end{array}\right\}_{(\vec{X},\vec{Y},\vec{Z})}$$

- L'action mécanique de la roue (5) sur l'arbre (1) est modélisée en D par :

$$\{\mathfrak{I}_{5\to1}\}_D = \left\{\begin{array}{cc} 0 & -6.10^4 \\ -2000 & 0 \\ 0 & 0 \end{array}\right\}_{(\vec{X},\vec{Y},\vec{Z})}$$

- La liaison 2'-1 est modélisée en A par une rotule dont le torseur est :

127

$$\left\{ \mathfrak{I}_{2' \to 1} \right\}_A = \left\{ \begin{matrix} X_A & 0 \\ Y_A & 0 \\ Z_A & 0 \end{matrix} \right\}_{(\vec{X},\vec{Y},\vec{Z})}$$

- La liaison 2-1 est modélisée en B par une linéaire annulaire dont le torseur est :

$$\left\{ \mathfrak{I}_{2 \to 1} \right\}_B = \left\{ \begin{matrix} 0 & 0 \\ Y_B & 0 \\ Z_B & 0 \end{matrix} \right\}_{(\vec{X},\vec{Y},\vec{Z})}$$

- L'arbre est en acier dont lequel σ_e = 335 MPa , τ_e = 235 MPa et E =2.10^5 MPa.

- On adopte pour ce problème un coefficient de sécurité s= 3.

- Unités : forces en Newton et longueurs en millimètres.

Questions :

1. Déterminer les actions mécaniques en A et B.
2. Identifier le type de sollicitation soumise à l'arbre 1.
3. Déterminer le diamètre minimal de l'arbre.

On se propose dans cette partie d'étudier le comportement des dents de la roue dentée (3). Pour cela on va modéliser l'une de ces dents comme une poutre encastrée dans le moyeu de la roue dentée elle-même (section BCDE) et soumise à son extrémité A_1 à un effort $\vec{F}$ de l'ordre de 1000 N. (figure 3)

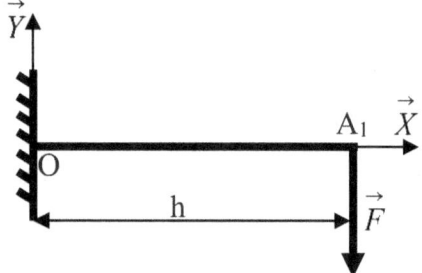

h : Longueur de la dent te que : h=2,25m.
l : Largeur de la dent te que : l=k.m
e : Epaisseur d la dent te que : $e = \dfrac{m\Pi}{2}$.

figure 3

La roue dentée 3 possède le même matériau que celui de l'arbre et le même coefficient de sécurité.

Questions

4. Identifier le type de sollicitation appliquée sur la dent de la roue dentée.

5. Calculer le moment quadratique I_{GZ} en fonction de k et m, déduire la valeur de la contrainte maximale en fonction de m.

6. Ecrire la condition de résistance à la flexion

7. Déduire la valeur minimale de module m de la dent pour k = 6.

8. Ecrire l'équation de la déformée.

9. Déduire l'expression de la flèche y en fonction de x :[y= f(x)].

10. Calculer la valeur de la flèche au point A_1 pour m= 1,5.

PARTIE III

On se propose dans cette partie d'étudier la déformation de vis d'assemblage (14). Cette vis de longueur 100 mm est en acier auquel σe = 325 MPa ,τe = 175 MPa, E= 2.10^5 MPa et G= 8.10^4 MPa. Son allongement ne doit pas dépasser 0.005mm et son angle unitaire de torsion 0.2°/m. Le coefficient de sécurité adopté dans cette partie est s=2.

Au niveau du premier filet en prise de cette vis, cette dernière est soumise lors du serrage (ou du desserrage) à une force de traction de l'ordre de 10N et à Un couple de torsion de l'ordre de 5 Nm dû au frottement des filets du trou taraudé sur ceux de la vis.

Questions

11. Déterminer le diamètre minimal de la vis qui vérifie la condition de rigidité à la torsion.
12. Déterminer le diamètre minimal de la vis qui vérifie la condition de rigidité à la traction.
13. Quel sera le diamètre choisi pour la vis.
14. Vérifier la condition de résistance à la traction-torsion.

TD8 RESISTANCE DES MATERIAUX

Le calcul RDM est basé sur trois hypothèse :

1- hypothèse sur la géométrie.

2- hypothèse sur le matériaux

3- hypothèse sur les déformations

Énoncer ces trois hypothèses.

1- Quelle est la différence entre une sollicitation simple et une sollicitation composée.

2- Donner la forme du torseur de cohésion pour une poutre sollicitée en traction

On vous donne la poutre représentée par la figure suivante :

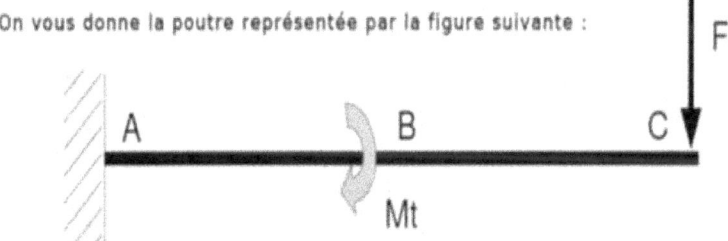

1- Calculer par le principe fondamental de la statique, le torseur de la liason d'encastrement au point A

2-Déterminer le torseur de cohésion le long de [AC]

3- tracer les diagrammes correspondants.

On donne AB = 300 mm

BC = 500 mm

F = 500N

Mt= 50 Nm

On vous donne la liaison pivot assurée par le mécanisme de la figure suivante :

L'objectif de cet exercice est de déterminer l'effort de serrage en traction, exercé par l'écrou (2), que peut supporter l'axe (1).

On suppose que l'effort $\vec{F}$ est appliqué au milieu de l'écrou (à une distance de 8 mm de l'extrémité de l'axe : Point D fig 3). Le bâti (0) exerce une force opposée $-\vec{F}$.

L'axe est formé d'une partie filetée M10 de longueur 20 mm et d'une partie lisse de longueur 50 mm et de diamètre D = 15 mm.

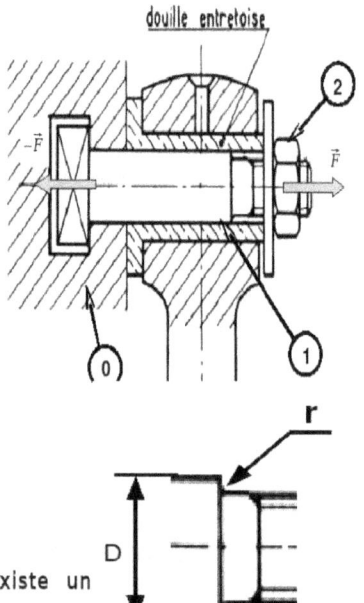

Entre la partie lisse et la partie fileté existe un épaulement avec arrondi de rayon r = 1 mm. Fig 4.2 :

On donne :

- a = 5mm.
- L'axe est en acier S 235 (Re = 235 MPa).
- Pour le calcul, on considère un coefficient de sécurité « s = 3 ». on donne pour les filetages métriques ISO, le coefficient de concentration de contraintes est K_t = 2,5.
- le diamètre intérieur du filetage M10 est 8 mm

3

- Pour l'épaulement on vous donne l'abaque suivante :

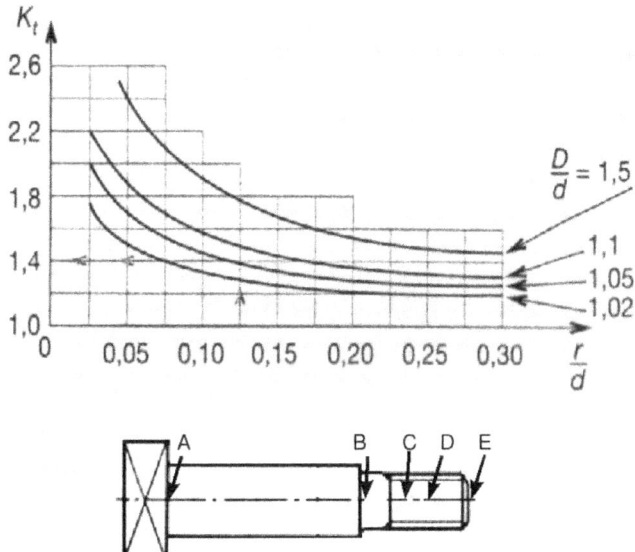

1. On suppose pour le moment $\|\vec{F}\| = 1$ kN, écrire la condition de résistance dans les sections situées sur :
- la partie lisse,
- au point B
- au point C.
2. Déterminer la section la plus sollicitée.
3. Maintenant on veut chercher la force maximale, écrire la condition de résistance dans la section la plus sollicitée.
4. Démontrer que Fmax = Re*S/(s*Kt); Calculer Fmax.

S est la section de la partie la plus sollicitée.

TD9 RESISTANCE DES MATERIAUX

Exercice N°1

*Calcul d'une vis CHC M12*36 :*

Au niveau du premier filet en prise d'une vis, cette dernière est soumise lors du serrage (ou du desserrage) à :

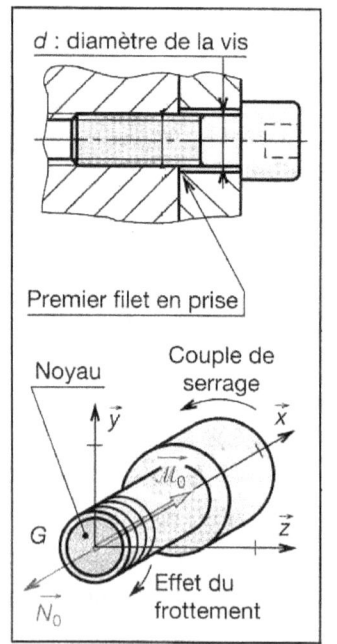

➢ Une force de traction qui provoque son allongement et une contrainte normale $\vec{\sigma}_0$ dans son noyau ; (L'effort N0 est appelé tension de pose ou précharge [N0 = 16N])

➢ Un moment $\vec{M}_0$ dirigé selon $(O, \vec{x})$ dû au frottement des filets du trou taraudé sur ceux de la vis, moment

135

proportionnel à l'effort de traction d'où une **contrainte tangentielle $\bar{\tau}_0$ dans le noyau** de la vis.

Sachant que notre vis est en acier allié 25 CD4 et que le coefficient de sécurité est s=2 (bonne construction) :

1-Calculer la contrainte de traction σ_0.

2-Determiner l'expression de la contrainte de torsion τ_0.

3-Determiner l'expression de la contrainte idéale σ_i.

4-Ecrire la condition de résistance.

5-Quelle est la valeur du moment minimal qu'il faut appliqué à la vis ?

VALEURS DES CARACTÉRISTIQUES MÉCANIQUES DES MÉTAUX ET PLASTIQUES*					
Dénomination et symbole	$R_{e\,min}$ (MPa)	E (MPa)	Dénomination et symbole	R_{min} (MPa)	E (MPa)
Fonte à graphite lamellaire FGL 200	200	80 000	Acrylonitrile - butadiène - stryrène (ABS)	17	700
Fonte à graphite sphéroïdal FGS 600. 3	370	170 000	Polyamide type 6-6 (PA 6/6)	49	1 830
Acier non allié (E 24) S 235	215	210 000	Polycarbonate (PC)	56	2 450
Acier allié (25 CD 4) 25Cr Mo 4	700	210 000	Polytétrafluoroéthylène (PTFE)	11	400
Bronze : Cu Sn 8P	390	100 000	Polystyrène (PS)	35	2 800
Cupro-aluminium Cu Al 10 Ni S Fe 4	250	122 500	Polychlorure de vinyle (rigide) PVC U	35	2 450
Duralumin AW-2017 (Al Cu 4 Mg Si)	240	72 500	Phénoplaste (bakélite) PF 21	25	7 000
Alpax A S13	80	74 500	Époxyde (araldite)	28	2 450

136

Exercice N°2

La figure suivante représente la modélisation d'un arbre cylindrique de révolution *1*. Cet arbre est guidé en rotation dans les paliers *2* et *3* et il permet de transmettre un couple entre les roues à denture droit *4* et *5*. Le repère $\Re = \left(A, \vec{x}, \vec{y}, \vec{z} \right)$ est tel que $\left(A, \vec{x} \right)$ est porté par la ligne moyenne de l'arbre *1*.

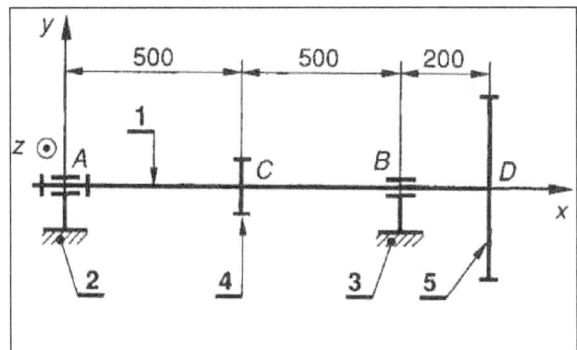

Unités : les longueurs en millimètre, les forces en newtons.

-L'action mécanique de la roue *4* sur l'arbre *1* est modélisable en C par :

$$\{\tau(4 \to 1)\} = \begin{Bmatrix} \vec{C}(4 \to 1) \\ \vec{M}_C(4 \to 1) \end{Bmatrix}_C = \begin{Bmatrix} 0 & 36 \times 10^4 \\ 4000 & 0 \\ 0 & 0 \end{Bmatrix}_C$$

-L'action mécanique de la roue **5** sur l'arbre **1** est modélisable en D par :

$$\{\tau(5 \to 1)\} = \begin{Bmatrix} \vec{D}(5 \to 1) \\ \vec{M}_D(5 \to 1) \end{Bmatrix}_D = \begin{Bmatrix} 0 & -36 \times 10^4 \\ -1200 & 0 \\ 0 & 0 \end{Bmatrix}_D$$

-La liaison **2-1** est une liaison pivot courte d'axe $(A, \vec{x})$ admettant un léger rotulage. L'action mécanique de **2** sur **1** est modélisable en A par :

$$\{\tau(2 \to 1)\} = \begin{Bmatrix} \vec{A}(2 \to 1) \\ \vec{0} \end{Bmatrix}_A = \begin{Bmatrix} X_A & 0 \\ Y_A & 0 \\ Z_A & 0 \end{Bmatrix}_A$$

-La liaison **3-1** est une liaison pivot glissant courte d'axe $(B, \vec{x})$ admettant un léger rotulage. L'action mécanique de **3** sur **1** est modélisable en B par :

$$\{\tau(3 \to 1)\} = \begin{Bmatrix} \vec{B}(3 \to 1) \\ \vec{0} \end{Bmatrix}_B = \begin{Bmatrix} 0 & 0 \\ Y_B & 0 \\ Z_B & 0 \end{Bmatrix}_B$$

138

Cet arbre est en acier C*22* pour lequel Re=*260* MPa.

On adopte pour cette construction un coefficient de sécurité s=*2.6*.

1-Déterminer les actions mécaniques en A et B.

2-Déterminer les équations de l'effort tranchant T_y, du moment de flexion M_{fz} et du moment de torsion M_t le long de l'arbre ABCD et construire les diagrammes correspondants. En déduire la valeur de $\left\|\vec{T}_y\right\|_{max}$, de $\left\|\vec{M}_{fz}\right\|_{max}$, de $\left\|\vec{M}_t\right\|_{max}$ et la position des sections droites correspondantes.

3- Quelle est la section la plus sollicitée ?

4- Dans la section la plus sollicitée, déterminer le diamètre minimal de l'arbre.

Exercice 3

Une poutre en acier de résistance pratique Rpe=100 MPa, repose sur deux appuis distants de L= 120 mm et supporte de part et d'autre des appuis deux charges égales P=180 daN appliquées à une distance des appuis a = 40 mm (voir figure)

139

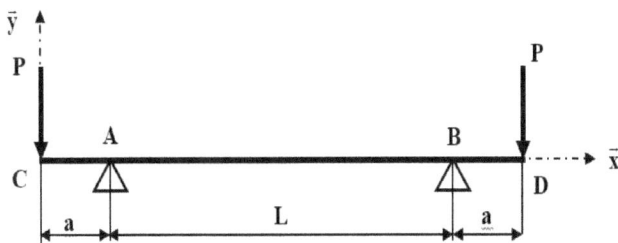

On demande de :

1-Déterminer les actions de contacts aux appuis A et B.

2-Déterminer le $\{\tau_{\text{cohésion}}\}_G$ le long de la poutre.

3-Tracer les diagrammes de l'effort tranchant et du moment de flexion.

4-Déterminer la flèche au milieu de la poutre.

5-Pour une section constante b = 20 mm et h = 12 mm. Vérifier si cette poutre peut résister à la flexion.

6-Si la poutre CD est un arbre, quel sera alors le diamètre minimal qui lui permet de résister à la flexion en considérant que le solide est parfait (pas de concentration de contrainte).

140

TD10 RESISTANCE DES MATERIAUX

EXERCICE N°1

Un arbre cannelé de boite de vitesse figure-*1* doit transmettre un couple de ***400 Nm***. Cet arbre est en acier ***42 Cr Mo 4*** pour lequel on obtient les caractéristiques suivantes : ***Reg=680 MPa, G=8.10^4 MPa.***

Les cannelures provoquent une concentration de contrainte ***k=1.57***. On adopte pour cette construction un coefficient de sécurité ***s=1.7***.

On envisage deux solutions : un arbre plein de diamètre ***d*** ou un arbre creux de diamètre intérieur ***d_1=15mm***.

1-Déterminer le diamètre ***d*** de l'arbre plein.

2-Déterminer la déformation angulaire de l'arbre plein entre deux sections droites distantes de ***140 mm***.

3-Déterminer le diamètre extérieur **D** de l'arbre creux.

4-Déterminer la déformation angulaire de l'arbre creux entre deux sections droites distantes de **140 mm**.

5-Déterminer le rapport λ de leur masse tel que (

$$\lambda = \frac{masse\ de\ l'arbre\ creux}{masse\ de\ l'arbre\ plein}$$). Conclusion.

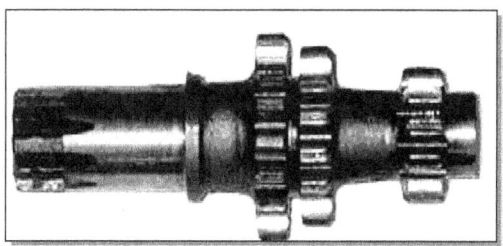

Figure-1

EXERCICE N°2

La figure-**2** donne la modélisation d'une poutre **1**. Le plan $(A, \vec{x}, \vec{y})$ est un plan de symétrie pour la poutre et pour les charges qui lui sont appliquées.

142

On donne et on écrit ; $\|\vec{A}\| = A = \boldsymbol{800\ N}$ **et** $\|\vec{B}\| = B$

$= \boldsymbol{1000\ N.}$

Conventionnellement et pour alléger les calculs, on négligera le poids propre de la poutre.

La liaison *(1-2)* est un encastrement.

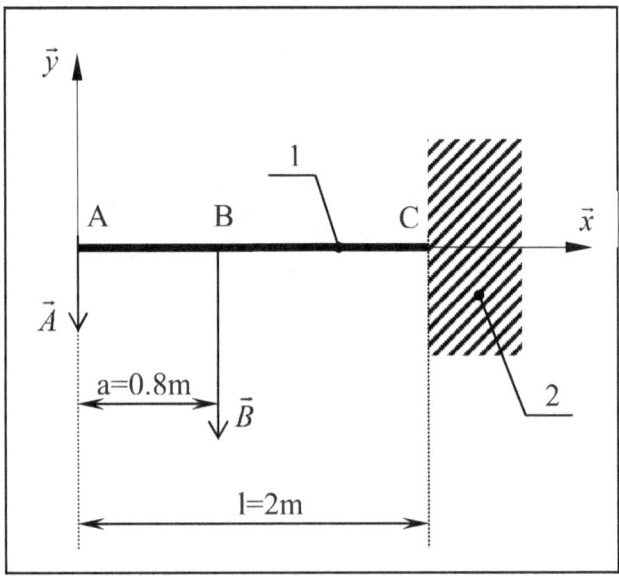

Figure-2

Questions :

1-Donner dans $R(A, \vec{x}, \vec{y}, \vec{z})$ les composantes du torseur de l'action mécanique relatif à la liaison **(2-1)** en **C**.

2-Donner le long de la poutre les diagrammes de l'effort tranchant T_y et du moment de flexion M_{fz}.

3-Le module de Young de l'acier qui constitue la poutre est **E=200 000MPa** et le moment quadratique da sa section droite vaut :

$I_{GZ} = 328 \ cm^4$; en utilisant le principe de superposition, calculer la flèche au point **A.**

TD11 RESISTANCE DES MATERIAUX

Exercice N°1

La figure-1 représente la liaison par rivets *3* entre deux plats **1** et **2** d'une structure métallique. On note *n* le nombre de rivets à déterminer pour l'assemblage. Les rivets retenus de diamètre d=10mm sont en acier **S275** pour lequel Rpe =*125* Mpa. L'effort maximal d'assemblage est llFll=6000 N. on adopte un coefficient de sécurité s=*4*.   .

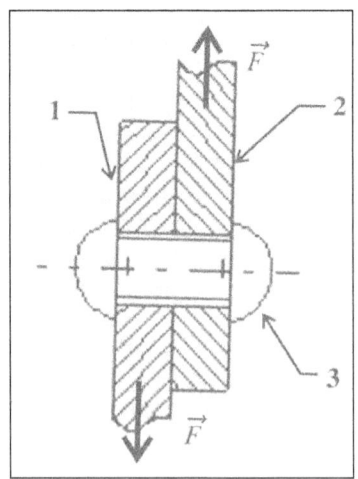

1-   Localiser la surface cisaillée pour un rivet

2- Déterminer le nombre **n** de rivets pour assurer la condition de résistance.

Exercice N°2

Une unité d'usinage est équipée d'une tête multibroche. La figure suivante représente à échelle réduite une de ces broches et plus particulièrement la commande et le guidage de l'arbre porte mandrin1. unités utilisées : longueurs en mètres, forces en newtons. Cet arbre reçoit la puissance par un engrenage **2-3** à denture droite. Les actions de liaison de (3-2) sont modélisable D par le torseur $\{\tau(3 \rightarrow 2)\}$;

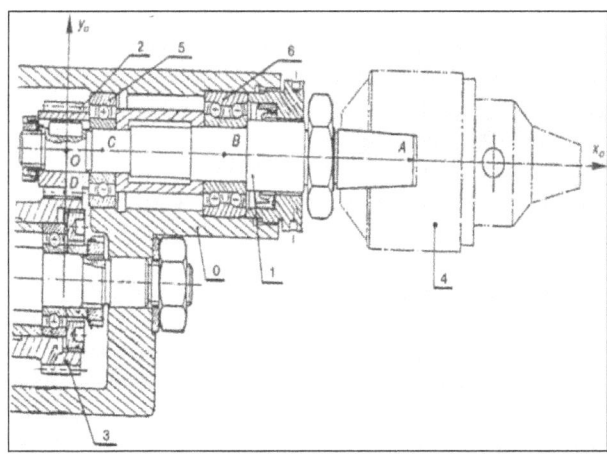

Figure.2

146

$$\{\tau(3 \rightarrow 2)\} = {}_{D}\left\{ \begin{array}{c} \vec{D}(3 \rightarrow 2) \\ \vec{0} \end{array} \right\} \text{ Tel que dans le repérer}$$

$$R_0. \ \{\tau(3 \rightarrow 2)\} = {}_{D}\left\{ \begin{array}{cc} 0 & 0 \\ 65 & 0 \\ -200 & 0 \end{array} \right\}_{(\vec{x}_0, \vec{y}_0, \vec{z}_0)}$$

Unités : newtons et mètre.

Les actions mécaniques de la liaison 4-1 sont modélisables en A par le torseur $\{\tau(4 \rightarrow 1)\}$:

$$\{\tau(4 \rightarrow 1)\} = {}_{A}\left\{ \begin{array}{c} \vec{A}(4 \rightarrow 1) \\ \vec{M}_A(4 \rightarrow 1) \end{array} \right\} \text{ Tel que dans le repère}$$

$$R_0 \ \{\tau(4 \rightarrow 1)\} = {}_{A}\left\{ \begin{array}{cc} -625 & -2.4 \\ 0 & 0 \\ 0 & 0 \end{array} \right\}_{(\vec{x}_0, \vec{y}_0, \vec{z}_0)}$$

(Ces efforts sont les efforts réciproques des efforts de coupe).

L'arbre 1 est guidé en rotation dans le carter 0 par l'intermédiaire de deux roulements à billes :

5 en C : *12BC02*

6 en B : *15BE32*.

Le choix de ces roulements et le type de montage utilisé ont permis de modéliser les actions de liaison par les torseurs $\{\tau(5 \to 1)\}$ et $\{\tau(6 \to 1)\}$:

$$\{\tau(5 \to 1)\} = \left. \left\{ \begin{array}{c} \vec{C}(5 \to 1) \\ \vec{0} \end{array} \right\} \right|_C \text{Tel que dans le repère } R_0$$

$$\{\tau(5 \to 1)\} = \left. \left\{ \begin{array}{cc} 0 & 0 \\ -85 & 0 \\ 240 & 0 \end{array} \right\} \right|_{C\,(\vec{x}_0, \vec{y}_0, \vec{z}_0)}$$

$$\{\tau(6 \to 1)\} = \left. \left\{ \begin{array}{c} \vec{B}(6 \to 1) \\ \vec{M}_B(6 \to 1) \end{array} \right\} \right|_B \text{Tel que dans le repère}$$

$$R_0\ \{\tau(6 \to 1)\} = \left. \left\{ \begin{array}{cc} 625 & 0 \\ 20 & 1.2 \\ -40 & 0.075 \end{array} \right\} \right|_{B\,(\vec{x}_0, \vec{y}_0, \vec{z}_0)}$$

On donne à la figure le schéma de 1, la modélisation de son guidage et les cotes.

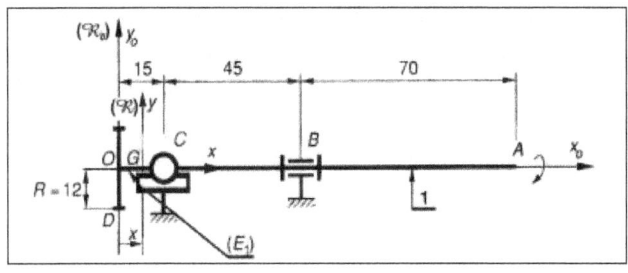

Figure.3

148

QUESTION :

Définir le torseur des forces de cohésion dans les sections droites de *1* entre **O** et **A** et construire les diagrammes de composantes algébriques des éléments de réduction en G des efforts de cohésion dans *1*.

TD12 RESISTANCE DES MATERIAUX

Exercice 1

Soit le guidage en rotation de la roue de guidage d'un système automatisé de transport de personnes (*figure 1*). On souhaite déterminer les efforts de cohésion dans l'arbre **2** dont la géométrie est représentée en détail dans (*la figure 2*).

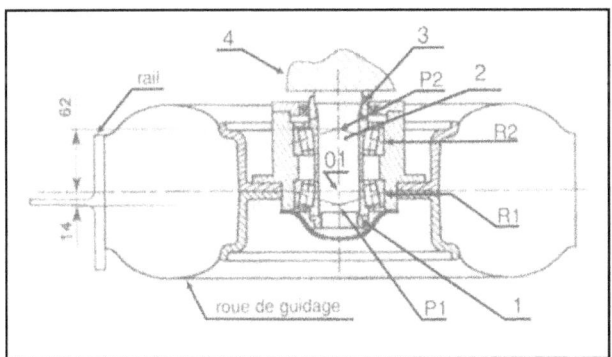

Figure 1

L'arbre **2** est en liaison encastrement avec le support de guidage **4**. Une étude statique a permis de déterminer les actions mécaniques qui lui sont appliquées :

Unité : les efforts en Newtons et les longueurs en millimètres

- Actions des roulements **R1** et **R2** en **P1** et **P2** :

$$\{\tau_{(R1\to 2)}\}= \left\{\begin{matrix} 0 & 0 \\ 230 & 0 \\ -4900 & 0 \end{matrix}\right\}_{P1\ (\bar{x},\bar{y},\bar{z})} \quad et$$

$$\{\tau_{(R2\to 2)}\}= \left\{\begin{matrix} 0 & 0 \\ 60 & 0 \\ -1140 & 0 \end{matrix}\right\}_{P2\ (\bar{x},\bar{y},\bar{z})}$$

- Action de l'écrou **1** en **T** :

$$\{\tau_{(1\to 2)}\}= \left\{\begin{matrix} 6730 & 0 \\ 0 & 0 \\ 0 & 0 \end{matrix}\right\}_{T\ (\bar{x},\bar{y},\bar{z})}$$

- Action de l'entretoise **3** en **F** :

$$\{\tau_{(3\to 2)}\}= \left\{\begin{matrix} -6430 & 0 \\ 230 & 0 \\ 0 & 0 \end{matrix}\right\}_{F\ (\bar{x},\bar{y},\bar{z})}$$

- Action de support 4 en E :

$$\{\tau_{(4\to2)}\} = \left._E\begin{Bmatrix} -300 & 0 \\ -290 & -650240 \\ 6040 & -30820 \end{Bmatrix}\right._{(\vec{x},\vec{y},\vec{z})}$$

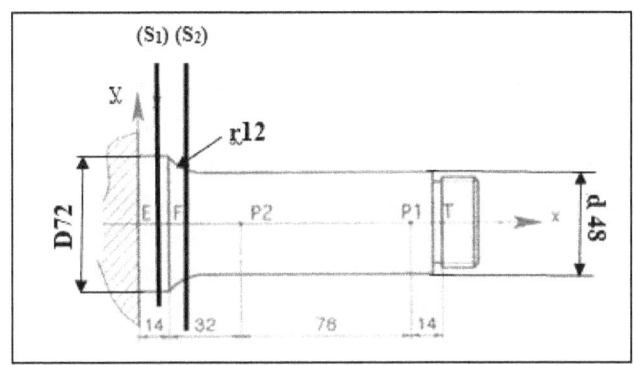

Figure 2

1- Déterminer dans $\Re = (\vec{x}, \vec{y}, \vec{z})$ et en fonction de l'abscisse **x**, les variations des composantes du torseur de cohésion le long de l'arbre.

2- Tracer les diagrammes correspondants.

On se propose de soumettre l'arbre **2** à une traction de $\|\vec{F}\| = 150000$ N. Sachant que cette dernière est en acier de résistance élastique $R_e = 295$ MPa et de coefficient de sécurité s = 3 :

152

3- Calculer les contraintes dans les sections (S_1) et (S_2).

4- Vérifier si cet arbre peut supporter cette charge dans les conditions satisfaisantes de sécurité.

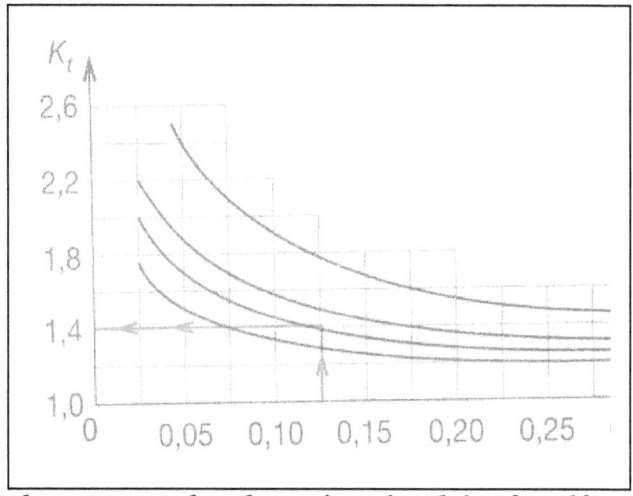

k_t pour un arbre de section circulaire épaulé

Exercice 2

La liaison en chape de **2/3** (*figure 3*) est réalisée par une goupille **1** de **d** = 8 mm de résistance pratique au cisaillement R_{pg} = 24 MPa.

La charge appliquée est $\left\|\vec{\mathbf{F}}\right\|$ = 2000 N.

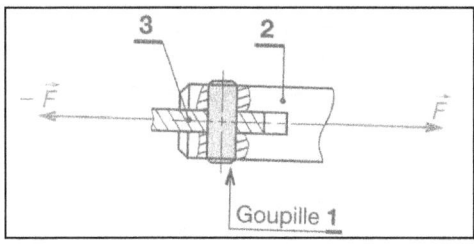

Vérifier si le diamètre de la goupille est convenable.

NB : il existe deux surfaces cisaillées.

BIBLIOGRAPHIES

[1] : *Spenlé, D. and Gourhant, R. (2012) Guide du calcul en mécanique: Valider Le Comportement des systèmes techniques. Paris: Hachette technique.*

[2] : *Jalil, W.A. (1983) Calcul pratique des structures. Paris: Ed. Eyrolles.*

[3] : *M. Kerguignas, G. Caignaert (1991) Resistance des matériaux. Paris : Dunod.*

[4] : *Giet, A. and Géminard, L. (1994) Résistance des matériaux. Paris: Dunod.*

155